SPORTS 運動休閒系列

運動休閒 Sport, Leisure and
與 健康管理 Health Management

陳敦禮・徐欽祥・紀璟琳・程一雄・陶文祺◎著

陳敦禮◎校閱

作者群簡介

編著：陳敦禮、徐欽祥、紀璟琳、程一雄、陶文祺

總校閱：陳敦禮

陳敦禮	弘光科技大學　運動休閒系暨體育教學研究中心　教授 The University of South Dakota 教育行政研究所　博士（體育教育與行政管理） 國立體育大學　運動科學研究所　碩士（運動生物力學、體適能） 輔仁大學　體育學系　學士 ◎ YMCA　國際個人體適能指導員 ◎ 香港國際武術聯合會　國際武術裁判 ◎ 世界有氧太極總會　有氧太極指導員、臺灣督導 ◎ 中華民國體育運動總會　國家級運動教練（國術） ◎ 美商美安臺灣公司全新生活曼妙人生計畫教練
	專長：武術養生、體適能、體重控制、運動健康促進、重量訓練、 　　　八步螳螂拳、合氣道

徐欽祥	屏東教育大學　教育行政研究所　博士 國立體育大學　休閒產業經營學系　碩士 中興大學　中文系　學士
	專長：休閒產業經營管理、休閒社會學

紀璟琳	美國貝克大學　運動休閒管理研究所　碩士 中國文化大學　國術系　學士
	專長：運動休閒管理、網路行銷

程一雄	臺中教育大學　體育學系　副教授
	輔仁大學　食品營養研究所　博士
	國立體育大學　運動科學研究所　碩士
	輔仁大學　食品營養學系　學士
	專長：運動營養生化、健康促進

陶文祺	亞洲大學　健康暨醫務管理研究所　長期照護組　碩士
	朝陽科技大學　應用外語系　學士
	弘光科技大學　護理科　副學士
	專長：銀髮族長期照護、健康促進

總校閱序

我常夢想:「在未來某個時期、某一個城市或鄉下,到處可見許多小孩子、年輕人、老年人在打太極拳、練武術、玩球、爬山、下棋、逛街……各式各樣的健康俱樂部與運動器材專賣店林立;藥局、診所一家家倒閉或搬離、醫院門可羅雀;人人健康和樂,極少生病,不必為就醫而奔波勞累;七、八十歲的老年人還可以陪爸爸、媽媽或爺爺、奶奶逛街;街角的咖啡屋內屢見銀髮情侶約會談情……」,那該有多好!若真能如此,不啻人間天堂。

我更老是在幻想,「有一天,我五、六十歲了,還能夠像小孩子或年輕人一樣在地上翻滾、倒立,甚至七、八十歲了,還上籃球場打全場籃球。」更希望「將來年老了,就在人生旅途結束的前一天,甚至於最後一天,還能練練功、與人聊天,或上街買菜。」。

雖然這樣的夢想與幻想,每每在面對現實的情況時發生衝突,且顯得相當弱勢;內心深處對於人體被公認合理的自然現象「身體的老化,體力的衰退、記憶力的減退、器官功能的退化、癌症或慢性病潛藏體內隨時爆發的危機」感到極度反感與不甘心。為什麼人會老化?身體各項功能會退化?難道不能永保青春?體力旺盛?身體永遠年輕?

聰明的人類漸漸地在經驗的累積與知識的開發中,智慧有了長足的進步。於是懂得讓生活過得更好,讓慾望得到滿足,所以愈來愈知道如何預防疾病的發生。身體染病了,也懂得如何治療,更懂得攝取食物中的營養與學習如何運動,以使個體生長得更茁壯、更健康。事實上,這些已在「平均身高一代比一代還高、平均身材一代比一代胖、平均壽命一代比一代長、生重病卻還不容易死」等等

的現象中得到印證。吾人深信，人類漸將整理出一套完整有效地使個體活得更健康與活得更久的策略出來。

如果我們的體能不斷地改善、進步，超越該年齡層應有的體能，而比年輕五歲、十歲，甚至二十歲的人還棒，這才值得我們驕傲，才是我們奮力的目標。持續地改善體能，訓練體力，使體能與年齡逆向而行，積極地向體能挑戰，不向年齡屈服，這個強烈的想法是本書的重點，也是出版本書的重要動機。而這個目標的達成有賴可以提昇生活品質的休閒運動產業之發展，並輔以正確而有效率的健康管理作為過程。尤其休閒運動的受重視程度與民眾參與及活絡的情形，可作為一個國家社會人民的幸福指標。

本書順利完成與出版特別要感謝揚智出版社宋宏錢先生之鼓勵、耐心、包容與各編輯人員之辛勞，更要感激共同作者徐欽祥、紀璟琳、程一雄及陶文祺等四位老師，工作忙碌，席不暇暖，仍願意犧牲休閒，鼎力相助，貢獻所長。本書撰寫與排版過程相當辛苦與繁瑣，難免有不足與錯誤疏漏之處，懇請先進賢達不吝給予指正。希望本書的完成與出版，能夠對於運動休閒產業資源與發展的認識，以及健身訓練方法與健康管理知識的提供，略盡綿薄之力。

弘光科技大學運動休閒系教授

陳敦禮　謹誌

100年6月

目　錄

導　讀

　　全球化眾多體育與休閒活動的興盛，提供了運動休閒市場嶄新的機會和挑戰，許多的運動休閒活動項目已離開其發源地而推展滲透至其他國家或地區。更重要的是，有些運動休閒活動自然孕育出一股無法抵擋的潮流、趨勢，而變得相當熱門，如自行車、游泳、探險教育、溯溪、攀岩、登山、直排輪曲棍球、極限運動等等。由於現今運動休閒的擴散方式是將其視為一種商品，以市場娛樂導向在全世界進行推廣，使得運動休閒相關產業在面對這股浪潮時，必須創新其經營管理理念，同時掌握世界脈動，進而提供更好的產品與服務給予社會大眾。

　　運動休閒市場需要注入多方共同的關照與培育；管理者有完善的基礎建設及健全的產業環境，乃是促進運動休閒產業發展與管理的利基；消費者對運動休閒方式的選擇和接受休閒教育的程度與多寡，息息相關。然而，無論從管理者或是消費者的角度出發，基本要件乃是對於運動休閒趨勢和發展有一定程度的瞭解，如此方能做更完善的規劃，以及產生更多的運動休閒機會，進而人人受益。

　　依國際旅遊市場結構來觀察，運動休閒消費者的需求已漸漸改變，進而形塑各種不同運動休閒型態、需求及其模式的產生，其中運動觀光已被認為是運動休閒產業中最具成長性的部分；另一方面，人們追求更具附加價值的運動休閒體驗將成為一種趨勢，這樣的發展促使產官學界開始重視運動觀光的發展。運動觀光的完善規劃需要依據運動觀光資源的多寡來分析其供給面；並透過對消費習

慣的掌握探討其需求面，進而預測運動觀光未來發展趨勢以促進運動觀光產業的發展。

運動休閒產業屬於一種社會經濟現象，更是全球經濟發展的動力之一。然而，推動一項產業並不容易，尤其運動休閒產業更涉及多層面的議題，在消費者習慣不易預測、科技與知識飛快發展以及社會資源的消長的今日，國內運動休閒相關產業實需徹底瞭解產業和大環境的特性與內容，並針對全球運動休閒潮流做分析，輔以國外的經驗和我國運動休閒產業的特點，如此才有機會創造出最大的經濟價值；另一方面，新興運動休閒活動的興起也創造了許多不同的產業群，同時也讓其他的運動休閒產業式微，政府相關單位應與相關學術單位以及民間組織合作，建構產官學研究成果的交換平台以利產業訊息之傳播，同時藉此將資源做更有效率的配置，未來運動休閒產業若要朝多元和永續的方向發展，唯有賴公、私、第三部門間充分的溝通協調，才能有效整合。

眾所周知，人類正大步邁向高齡化的社會，我們的身邊、鄰里巷道，隨處可見七、八十歲的老年人，當然在大醫院裡，更可見到更多的「老年人」。我國六十五歲以上的老年人口占人口比例，在民國87年時已達8.4%，早已超過聯合國世界衛生組織所定義的7%老年人口比重之「高齡化社會」，而在十三年後的今天，已破10%，不少鄉鎮更達15%以上。

高齡化的社會有一些很簡單而普遍的現象：跑大醫院成了不少老年人生活中少數且重要的活動之一；而在大醫院，也是許多老年人經常見面或探視朋友的處所；街頭與巷尾出現愈來愈多孤零、遲緩，甚或身體不適的老人；年輕的一輩，在時間上或經濟上無法照顧老邁雙親而產生種種社會事件……。此不難瞭解，高齡化人口結構對整個社會產生巨大影響，對國家社會帶來前所未有之衝擊，以及對龐大醫療照護資源之莫大依賴。

　　「老化」是個體生長和發展必經之過程，是不變的現象，任何人都得無可奈何的接受與面對。然而，醫療科技與事業之發達、營養之普及，以及教育水準之提升等種種因素，使得人們老化的過程更久、平均壽命更延長。相對地一個人一生中身體較虛弱的時間也可能被延長，疾病發生的機會也相對增加。

　　人類壽命延長了，健康活著的時間是不是延長了？快樂幸福的時間是不是增加了？相信這是我們要關心的問題。如果服藥把病痛治好了，或實施有效的醫學預防，再加上平日的健身運動，使身體維持健康體能，甚至提升體適能，有活力、有朝氣，則這樣的生命活著才有意義，也才有快樂、幸福可言。因此，我們要的不是表面上的延年益壽，而是「健康身體活著的時間長久」。

　　人體從過了壯年開始，生理與心理機能逐漸出現衰退趨勢。規律的運動，是避免身體機能快速老化非常有效的方法。由於身體運動而導致的生理改變或適應，對逐漸衰老的人而言，在其體適能和身體其他功能方面均有莫大助益；可以有效維持原有身體機能而延後生理機能衰退的現象。適當的運動，有助於身體各關節的活動，改善關節的靈活程度，強化腹部、背部、上肢、下肢等各部位肌肉之力量。此外，心肺功能亦能有效維持甚或提升，對於年紀漸增的人而言，將有更多活力去享受人生。

　　年紀大的人，除了生理上明顯的自然衰退外，心理方面也常受身體影響，尤其是負面情緒。如老年人自認為智力與體力衰退而感到自卑，以致漸漸缺乏信心，對人、事、物、地等缺乏興趣，易常常表現出憂傷、恐懼、冷酷、依賴、無助、罪惡感、擔心，甚至暴躁、憤怒等人格特徵。然而，只要他們有機會參與運動，就有機會拓展社交範圍，改善社交能力，讓心靈得到解放、讓心情獲得舒緩，繼續擁有年輕時的活力。

　　儘管我們知道規律運動可以改善體能，但這僅止於知道這個概念，我們真正要瞭解的是，究竟如何運動才能真正有效改善體能？又改善了什麼體能？改善了多少？如果體能原來非常差，在經過一段時間的運動訓練後獲得改善了，固然可喜，然而，如果改善後的體力仍維持在該年齡所應具有的體力，或仍低於同年齡層者的體力，則仍是一種隱憂。因為隨著年紀的增長，體能照樣逐漸衰退。

　　人的體能可以有相當懸殊的差距，有選手二、三小時可以跑完馬拉松賽全程，可是有較多的人要跑上四、五個小時以上的時間；有人可以爬上玉山，卻也有人光爬幾層樓梯，就氣喘如牛，中途還要休息幾次。老年人的體能也一樣有很大的個別差異；經常慢跑的六、七十歲老年人，可以一次跑完20或30公里，也有人可以爬一個早上的山。他們的心肺與肌肉耐力實遠超過大多數的年輕人，同年齡的許多中、老年人，可能早已長年臥病不起、顯得老態龍鍾，甚或連走路都很困難。

　　目前全球最強的二十四小時超馬王日本選手關家良一繼2009年10月完成世界盃三連霸後，再於12月以256.662公里達成他最愛的「東吳賽」三連冠，日本另一位女子選手桑原章惠締造生涯最佳220.829公里，驚奇的取得后座；2006年的「東吳超級馬拉松賽」，五十歲的國內老將郭宗智以二十四小時跑完223.947公里打破全國紀錄，當年匈牙利女將博潔思更以227.777公里完成賽程，獲得女子組冠軍。這些人練就有如「高級越野勁車、四輪驅動、全方位」的馬拉松體力，是「以運動成功挑戰生理年齡」的最佳證明。運動可使生理年齡年輕二十歲、運動可以延緩身體退化的現象，運動更可以讓人擁有較多健康與快樂的歲月。

　　高齡化的社會人群結構是可以預見的，也可預見終將為人類社會帶來龐大的負擔與資源的耗損。倘若世界各國，尤其是重視人民

生活的高文明國家，若不以特別的心情引以為憂慮，不以積極的態度來面對，不以具有前瞻性的制度來因應，則遲早各種資源，包括政治、經濟、人力、文化、制度等要素構成的社會成本，終將被拖垮。

高齡的趨勢不可免，實應將危機化為轉機，如積極倡導運動與休閒觀念，宣揚運動的方法與好處、發展運動休閒產業，更應提倡全民運動風氣，使人人健康、快活，少一點病痛、少一點憂愁、多一點歡笑、多一點幸福、多一點精神與體力，讓人們在累積了大半輩子的經驗與智慧後，於晚年時猶能有健康的身體、精神，貢獻經驗與智慧給家人、朋友、社會與國家，讓原本被視為社會負擔的族群，轉變而為社會的另一種財富與可貴的資源。

多一點健康，就可少一點看病的時間、少一點醫療的花費，多一些精神與時間跟家人歡聚、投入工作，或是去做自己喜歡的事情。如果人人都更健康一點，更強健一點，醫院、診所就會冷清一點，社會上的愁眉苦臉就會少一點，鄰里巷道間的歡笑就會多一點，旅遊地區的人潮也會多一點。以「運動」與「休閒活動」積極有效地改善體能、提升體能、增進幸福感，必能讓我們有信心去對抗因年紀漸增而自然產生的老化，讓我們一起挑戰年齡，積極建造自己更健康、更年輕化的體能，造就個人最大的幸福，同時也共同創造人類韌性更強的命脈。

本書內容分為「運動休閒」與「健康管理」兩大部分，共十三章。第一至第六章屬於「運動休閒」，第七至第十三章屬於「健康管理」。「運動休閒」篇介紹運動休閒相關理論模式、型態、產業資源、發展趨勢與展望、產業行銷與推廣，以及運動觀光的規劃與發展，另外還包括特殊族群的休閒活動。其中「運動休閒相關理論模式、型態、產業資源、發展趨勢與展望，以及運動觀光的規劃

與發展」由具有多年相關研究專業的徐欽祥老師負責執筆，「運動休閒產業行銷與推廣，及特殊族群的休閒活動」則由紀璟琳老師撰寫。

「健康管理」篇介紹運動營養與保健、運動按摩、身體運動管理與健康促進、健康活力延年益壽、高齡人口健康促進，以及健康管理的行銷推廣。本書邀請運動營養學專家程一雄博士，以「運動營養與保健」為題，協助我們更清楚瞭解營養在運動時的重要性及其補充方法；也邀請紀璟琳老師協助提供「運動按摩」知識與技術，以及「健康管理的行銷推廣」策略；另外尚邀請具有醫護背景的陶文祺老師，協助提供「高齡人口健康促進」相關文獻精華與心得。此外，本書總編陳敦禮博士更分享了二十幾年來學習運動、體驗運動、享受運動的經驗，融會貫通整理出相關運動以提升體能、改造身材，以及分享健康活力與延年益壽的體驗心得；希望這樣的安排，讓讀者有所收穫，獲益多多。

運動休閒篇

Chapter 1
運動休閒理論模式

徐欽祥

單元摘要

本章係藉由不同角度來定義休閒，並進一步探討休閒的語源與研究，使讀者辨析遊戲、遊憩、運動等概念之間的異同。另一方面，人類社會以及休閒行為的變化亦讓運動休閒有了獨立研究的價值，透過運動休閒理論模式的介紹，將有助讀者瞭解運動休閒在當今社會所具備的時代意義。

學習目標

■ 瞭解休閒語源的變化與源流
■ 釐清易和休閒意涵混淆的相關概念
■ 對運動休閒理論模式有基本的認識

▷ 前言 ————————————

　　一杯咖啡，一本好書，一個微涼的下午，這樣的畫面讓您想到了什麼？咖啡、書籍以及休閒時光並不是什麼新鮮的東西，然而在17世紀的英國，這些可供休閒的消費項目卻是遙不可及的。如今，您只消坐在街角的星巴克咖啡館裡，並付出一點代價即可以擁有這一切。

　　當一個社會進入休閒社會，其顯著的特徵乃是工作時間的減少，以及可以自由支配時間的大量增加，這樣的轉變也讓運動休閒的發展有了多元的面貌。本章乃敘述運動休閒的理論模式，並分析理論與人類工作經驗、成長歷程或是生活態度等經驗之間的相關性，進而有助我們分析運動休閒的目的。

▷ 第一節　休閒的意涵 ————————

　　休閒為人類社會一種重要的文化現象，人們對休閒的認識可追溯到遙遠古代，無論是古希臘亞里斯多德（Aristotle）的倫理學，或是中國古代的《詩經》、《楚辭》等著作，皆對休閒有了深刻的描繪，換言之，休閒關乎人類共同的經驗，透過對自由時間的支配和生活方式的安排，人們從休閒當中獲得較為正面甚至是美好的經驗，另一方面，人們透過不同的方式與機會，持續地追求休閒，人類的發展歷史才會被改寫和超越。

人們有時從事休閒是為了尋求一種美好的體驗（徐欽祥提供）

現代社會提供了許多休閒的機會，人們從事休閒已經不局限於週末了，波蘭學者Rybczynski在《等待週末》（2004）一書，曾如此描繪人們的一週生活：「每星期一早上，我們都會和同事互相交換週末的冒險與糗事。到星期二，週末的記憶會沉入意識深處。德國人把星期三稱星期中點相當貼切，因為星期三真的就像一道裂隙。到了星期四，我們會開始期待週末的到來……感謝老天終於是星期五了……」；然而，隨著時代的演進，這樣的情景可能不再是每個人的生活寫照；換句話說，我們只要將一天的時間扣除維持生命現象和履行個人責任義務的時間，剩下的就是休閒時間，此乃休閒的「時間觀點」。

在這些休閒時間內，無論是從事騎單車的動態活動或是進行閱讀的靜態選擇，都可以被視為休閒，然而從活動出發的休閒觀點卻

有可能因為過於客觀，而無法普遍呈現出人們對於某休閒活動的真切感受，故Neulinger（1981）則從偏向個人主觀感受的體驗觀點來論休閒，並透過休閒參與者的覺知自由和內在動機來探討休閒。然而，無論是時間、活動還是體驗觀點，從社會結構的角度看，休閒實為社會的時間結構、活動結構和體驗結構的總體，因而近年來也有一些學者對休閒抱持一種多元、整體的概念（Kraus, 1990; Kelly, 1996），**圖1-1**則呈現出休閒的意涵。

然而，不管從何種觀點描繪休閒，休閒乃是個人生活方式的重要組成部分，故休閒的定義因人而異並不足為奇，畢竟休閒的意義對他人並不具直接關聯，只要個人能受用或對其個人有意義存在，同時不影響別人，他人實無須置評。

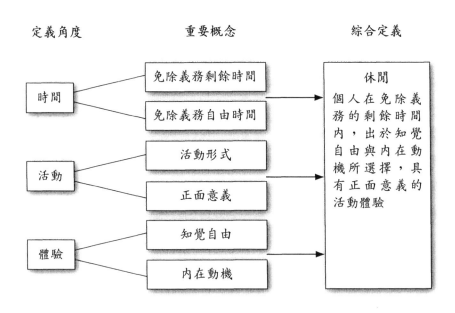

圖1-1　休閒的意涵

資料來源：Kelly（1996）。

休閒為個人生活方式的重要組成部分（徐欽祥提供）

　　本書欲從休閒觀點出發並和健康管理相連結，實有必要依據相關文獻對休閒一詞的語源以及相關易混淆的名詞做介紹，以利各章節之對話，畢竟概念反映了事物本質屬性，無論哪一個學科，最基本的要求乃其概念的準確性，以免阻礙了學術的對話與交流。

一、休閒的語源與研究

　　休閒（leisure）在人類文明演進的歷史中具有重要的文化價值，無論東方或是西方皆同，然而東西方文化精神和價值體系並不甚相同，不同時代的思想家們亦對休閒有不同的詮釋。

　　從相關文獻可知，中外學者們多從哲學的觀點來探索休閒的語源，由於相關資料豐富，本書不再贅述，僅透過**圖1-2**略述東西方關於「休閒」一詞的語源系統。

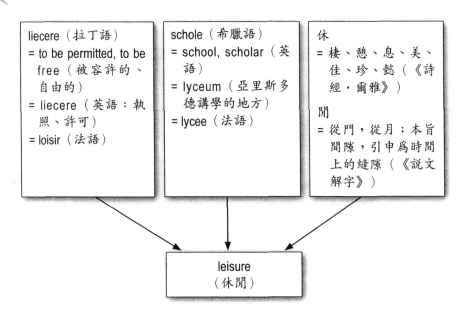

圖1-2　休閒的語源系統圖

資料來源：謝芳慶（1995）、蔡茂其（1999）及葉智魁（2006）。

　　從哲學層次看休閒，由圖1-2可發現西方的休閒理念乃偏向自由選擇，視生活為整體，進而開啟智慧，啟發或是探索生命的契機；東方的休閒理念則追求閒適安逸的境地，擺脫生命中的束縛和羈絆，追求天人合一。誠如胡小明、虞重干（2004）指出的，與西方受現代工業文明影響的休閒文化相比，東方的休閒觀念積澱於深厚的農業文明之中，具有自己的文化特色；西方的休閒學說認為，休閒的基本要素是擁有包括在生活之內的自由時間，要有足夠精力傾心於快樂的活動，並有適當的心靈狀態和環境。

　　儘管從哲學的角度切入休閒的語源系統能捕捉到其意涵，然而，隨著社會的演進，休閒的意義在不同研究領域也呈現出多樣的風貌。馬惠娣（2004）指出，哲學家研究休閒從來都把它與人的本

質聯繫在一起;社會學家把休閒看成一種社會建制,以及人的生活方式和生活態度,是展現人的個性的場所;經濟學家考察休閒,側重於休閒與經濟的內在聯繫,根據休閒時間的長短,制定新的經濟政策和促進不同方面的消費,調整產業結構,開拓新的市場。除了上述這些研究領域外,其他諸如心理學、管理學、教育學、倫理學等等不同學科皆賦予休閒多元樣貌,同時也呼應了亞里斯多德把休閒視為一切事物環繞的中心,同時亦是科學和哲學誕生的基本條件之一。李仲廣、盧昌崇(2004)則將休閒學、休閒學科與其他學科的關係以**圖1-3**呈現,讓有志於研究休閒的人能夠揭示出休閒行為和現象的本質及規律。

二、遊戲

遊戲(play)在休閒史中是一個相當重要的概念,從古希臘的柏拉圖(Plato)與亞里斯多德開始,就已體認到遊戲對促進兒童健康發展的價值。然而,遊戲應該是具有深刻意義的,因為遊戲就是人類本質的開展,進而影響到休閒態度。于光遠、馬惠娣(2006)認為,在這個世界上,除去陽光、空氣、水以外,還有兩樣東西是所有生命所必須擁有的,那就是休閒和遊戲,沒有休閒,一切生命都不能持續;沒有遊戲,一切生命都難以進化,社會文明程度越高,越要關注休閒與遊戲。由此段敘述可知遊戲於休閒中所扮演的角色。Kraus(1990)更進一步指出,遊戲屬於人類或動物行為的一種方式,由自我引起動機,且遊戲的參加只在履行內在的目的,遊戲是令人愉快的,具有下列要素的特徵:競爭、探索、問題解決和角色扮演,一個人可以在工作或閒暇時從事遊戲,遊戲可以是自由和沒有組織的,或是須遵循一些規則和規範的行動。例如,孩童玩

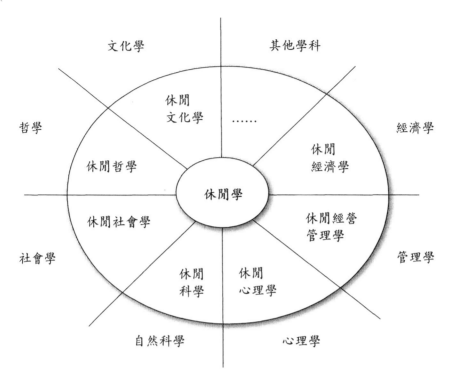

圖1-3　休閒學、休閒學科與其他學科的關係

資料來源：李仲廣、盧昌崇（2004）。

扮家家酒遊戲中，透過角色扮演天馬行空的同時，其遊戲過程也反映了成人的世界，或者是內心的某種渴望；至於成年人偶爾玩大富翁遊戲玩到破產，對其人生應該不會產生什麼太大的影響，當然，若幸運地在遊戲中變成想像中的大富翁亦然。由此觀點論之，遊戲不單純只是玩耍和嬉戲，遊戲應該是具社會性的，它們是文化性的普遍現象，同時也沒有年齡限制，乃是一種自由自在的活動，充滿了自發與創造力。

遊戲是人類本質的開展（徐欽祥提供）

三、遊憩

　　或許我們都曾有過這種經驗，當閱讀到中文的「休閒」、「遊憩」或「閒暇」等詞彙時，往往因為翻譯的關係，而不知原作者指的是 "leisure" 還是 "recreation"，然而，從英文字意來看，recreation顧名思義乃由re和create兩字所組成，指的是重新創造、復原及恢復的意思。馬惠娣（2008）認為，在西方，「遊憩」（recreation）是休閒研究（leisure studies）的一個重要概念，因為recreation是美國文化和美國精神的一種體現。Kelly和Godbey（1992）則指出，遊憩通常是指自工作的疲憊當中復原，恢復身心靈的完整，因此遊憩常常是指有社會目的以及組織的活動。換句話說，遊憩是一種志願而非工作性的活動，它被組織來達成個人及

社會的利益，包括休息復原與社會整合。由此論之，可知遊憩強調志願活動參與，並依據自身的需求以達到身、心、意的滿足，從re加上create的角度觀之，遊憩的目的在使人們能夠在恢復精神後，「再」投入工作、「再」創造新鮮和愉悅的生活。

由上述文獻可知，「休閒」、「遊戲」和「遊憩」三者的概念並不相同，黃立賢（1999）指出，「休閒」不同於「遊戲」和「遊憩」的單向性，休閒具有多面性，它不僅需要時間，也是一種活動（包括靜態和動態），需要經驗和學習，並進一步強調，若從狹義的活動特性區分，三者的確有差異，但若從能表達個人自由、自主、自我滿足的感情觀點出發，就有其重疊處。但從包括的範圍來看，休閒的領域最廣，甚至可說是人們生涯的一部分，休閒是學習、休閒更是生活的重要內涵。鄭健雄（1997）從哲學層次來探討

遊憩強調志願活動參與，並依據自身的需求以達到身、心、意的滿足（徐欽祥提供）

表1-1 從哲學層次及外顯取向來看休閒、遊戲與遊憩三者之差別

哲學層次	休閒（leisure）	遊戲（play）	遊憩（recreation）
思想淵源	文藝主義	文藝主義	資本主義
理念	自由選擇	教育	由「自由選擇」及「教育」理念而來
內涵	1. 啓發智慧 2. 探索眞理 3. 增進涵養 4. 自由選擇生活方式 5. 承擔自由選擇的責任 6. 休閒本身即是目的 7. 視生活爲整體	1. 安排發展智慧的機會 2. 教育遵守團隊精神 3. 塑造榮譽、忠誠、審美性格 4. 培養優秀公民 5. 塑造奉獻國家觀念 6. 培養服務桑梓的文化氣質	1. 工作以外的活動 2. 強調心情的感受 3. 獲得滿足的體驗
外顯取向	情境取向 （context centered）	體驗取向 （experiencing centered）	成果取向 （outcome centered）

資料來源：鄭健雄（1997）。

「休閒」、「遊戲」和「遊憩」三者之差別，而這或許可以提供讀者另一種思考的方向，其整合性概念如**表1-1**所示。

四、運動的意涵

運動（sports）乃是人們選擇休閒的一個重要的方式之一，其強調有規則的身體活動，甚至將參與方式制度化，從休閒的觀點視之，人們從事運動的必要條件之一乃是透過閒暇來進行，這段時間

是人們唯一可以真正自由支配的時間。換言之，狹義的運動僅是
個人參與活動的外在表現形式，包括了娛樂型和競賽型的活動；廣
義的運動則是追求身體上的舒適和自由，並透過鍛鍊身體來愉悅精
神，同時帶給參與者生理與心理的雙重滿足，這乃是運動的核心
意義。然而，也有學者從不同觀點定義運動，許立宏（2005）認
為，運動雖無邏輯上的必要特質主張，但也非完全無可資依循的特
質，如參與者的態度及技術的活動，同時，運動是一種持續演進
（evolving）的概念，許立宏進一步將運動的定義從開放式主張和
封閉式主張來論述，並分類如**表1-2**所示。

表1-2　運動定義的兩種主張

開放式主張		封閉式主張	
學者	主張運動不具共通特質	學者	主張運動具共通特質
MicBride	1. 外延及內展性不足 2. 落於約定俗成 3. 運用應多樣性 4. 無須浪費時間做定義	Meier	1. 所有運動皆爲遊戲 2. 制度化 3. 身體技能的展現
		Suits	身體技能及技能的展現
Tamboer	反對隱藏式的本質主義	Kretchmar	非坐式活動 （nonsedentary）
Wertz	1. 限制會產生更多問題 2. 運動具有雙重性的意義：哲學與非哲學的	Tamboer	機動行爲 （motor action）
Wittgenstein	遊戲不具有共通特性，而具有相似特性的「家族相似說」	Paddick & Osterhoudt	身體性格 （physical character）

資料來源：許立宏（2005）。

　　表1-2的分類提供了人們以更多元的觀點來探討運動的本質，另一方面，從上述相關的定義中也可以發現，休閒和運動的關連性，這樣的觀點也呼應了Stebbins（2001）的認真休閒（serious leisure）理論，其認為認真休閒是對業餘活動、嗜好活動以及志工活動一種鍥而不捨的追求，並且使得參與者著迷於這種多樣的挑戰；認真休閒是有深度的、持續追求的，並且植基於多樣的技巧、知識和經驗。例如，一位執著於攀岩的戶外運動愛好者，其有可能透過閒暇時間來不屈不撓地訓練自己的技能，藉由自身特殊的能力和投入邁入更高的境界，另一方面也閱讀相關書籍以精進自己的攀爬技巧，甚至參與相關的比賽以展現身體技能；這是認真休閒的特質，在論及運動的概念時，認真休閒亦不失為探討的出發點。

運動為人們選擇休閒的重要方式之一

（徐欽祥提供）

本書以運動休閒（sport leisure）為主軸，此處所謂的「運動休閒」乃指閒暇時間裡，人們所進行的各種身體運動或是體育活動，亦即以運動為手段，透過直接參與或觀賞以達到休閒的目的，豐富人類生活。這種休閒行為具有區別於其他休閒活動的特徵，亦即以身體運動為主要內容和形式的休閒方式。

▶ 第二節　運動休閒理論模式 ─────

隨著社會與時代的變遷，人們投注在運動休閒上的資源和熱情都有增無減，無論是認真休閒者（serious leisure）或是隨性休閒者（casual leisure）都從運動休閒中獲得了生理、心理或是社交等效益，人類社會也得以不斷發展，進而讓運動休閒也有了獨立研究的價值。Godbey和Shim曾指出（劉曉傑、劉慧梅譯，2008）：「休閒研究起源於一個不同但又關聯的傳統，它最先從歐洲大學裡的社會學系發展起來，關注工業社會中不斷增多的閒暇時間所帶來的社會問題。早期的探索聚焦於每日生活中的工作／休閒模式、時間的利用、郊區化和工業工作等。後來的探索專題則包括社會階級、科技、社區生活、有組織的休閒，以及工作安排對休閒行為的作用和影響。從20世紀80年代起，社會心理學的框架愈來愈多地被休閒研究所採納。」休閒研究的階段也對應了休閒理論的演進，由工作與休閒之間的關係的辯證，慢慢走到以休閒作為個人發展的廣義理論。根據Bammel和Burrus-Bammel（1992）的觀點，主要運動休閒理論歸納如下：

一、休閒是人類所有活動的目的

　　身為最早提出休閒行為理論的學者，亞理斯多德曾說：「人們戰爭是為了和平，工作是為了休閒」，休閒不僅是人類所有活動的目標，其更重視休閒是做有意義的思考，以及做有意義事的機會，將事情做好需要道德與智慧的開展，更需要與其他人往來互動。他認為人唯有在休閒時，才是真實的生活著，同時強調生活中的每件事都應朝著由高貴思想與美德善行衍生的自我成長的機會發展。

　　亞理斯多德的觀點應用到現代休閒，則可以與Stebbins（2001）的認真休閒（serious leisure）理論相對照，以志願服務來說，它是一種自由時間下所進行的認真休閒活動，並出自個人的自由選擇，鍥而不捨的追求自我成長；由於過去的人較能夠從自己的工作生活中獲得自我實現，在現代組織中工作的人們，愈需依賴更多工作之外的自由時間，以設法達成自我實現的願望，將志願服務視為一種休閒以促進個人探索、瞭解、表達自己的機會。

二、補償理論

　　補償理論（the compensatory theory）為最常被提到的休閒行為理論，基本觀念乃休閒與工作相關聯，同時又令人費解的不相關聯。工作被視為生活中的主力，而休閒則被視為工作無聊後的補償；如現在人們工作忙碌了一段長時間，常以旅遊散心作為鬆弛自我、補償犒賞自己前一陣子辛勤的忙碌。Burch（1969）則對補償理論提出最簡化的公式：「補償理論假說是指一個人只要有機會避開他平常的例行工作，就會找件完全相反的事來做。」例如長時間從

事實驗室或是醫療工作的人，在閒暇時刻則較有可能選擇騎單車、登山或是健行等戶外活動，來舒緩工作上的壓力。

三、後遺休閒理論

後遺休閒理論（the spillover leisure theory）基本觀念為休閒與工作平行發展，工作時所發生的一切就像後遺症般地帶到休閒生活中，並決定了人們想從事的休閒活動以及如何去進行該休閒活動。例如，一位公路車職業選手總是在季賽高度張力的環境下競爭，在無止盡蔓延的公路上謀求最好的成績，然而在休兵期間，則有可能選擇以登山車穿越農田、越過河川以及各種障礙的越野騎乘為休閒活動；相對的，一位辛苦上山採茶的茶農，他的休閒活動則有可能是邀請三五好友來品茗聊天。換言之，在工作過程中，某些東西影響了勞工的人格，它決定或強烈的影響勞工以什麼為休閒。

四、熟悉理論

熟悉理論（the familiarity theory）的假設為：「那些人已在社會生存中覓得一條自在的生存之道，其安全感遠勝於不安全感而來的可能收穫。」熟悉理論將休閒行為與慣例、習性相連，休閒者因習慣或安於某習慣而從事某種休閒。就好比說，你喜歡做自己做得好的事，因此同樣的當你做那些曾給你成就感與喜悅的事情時，便會有輕鬆和精神奕奕的感覺。例如一位從小就在一個書香世家長大的小孩，長大後較有可能選擇閱讀或是書寫為其休閒活動，因為這樣的休閒活動不僅令他感覺自在，同時也容易回到過去舒適又滿足的回憶裡，並得到慰藉。

五、個人社交理論

　　人類是喜社交又喜群居的。有相當高比例的休閒行為受到同儕團體的影響，休閒行為常與同年齡、同階層、同學、同事、工作環境，或是鄰里環境相關聯，這就是所謂的個人社交理論（personal community theory）。人一生中所玩的競技遊戲，大多數是經由已熟悉該遊戲的人所引介，我們呈現的休閒行為，其形式多是因某種已然熟悉且熱中該活動的人所啟發。例如近年來，不少人受到身邊愈來愈多人環島的影響，因此，三五同好則會開始於閒暇時計畫和訓練，慢慢地因為相同社群的交流而享受休閒。

六、放鬆、娛樂及自我發展

　　休閒被視為是一種放鬆、娛樂及自我發展（leisure as relaxation, entertainment, and self-development），此理論被認為是最廣泛而折衷的，它試圖綜合各項理論之精義。法國社會學家Joffre Dumazedier（1974）認為，休閒活動是個人隨性的事，它綜合了輕鬆、多變化即可增廣見聞等因素，常是社交性活動，並且需要個人的創造力，其稱之為休閒三步曲理論，因為休閒具有三個相互貫通的功能：放鬆、娛樂及自我發展。Bammel和Burrus-Bammel則認為（涂淑芳譯，1996）：「一項有意義的休閒理論應融合人類各方面的行為，成為關注之核心，並提供預期未來休閒行為的基礎。」以此觀點出發，一位參與假日志願服務的志工有可能選擇聽音樂或閱讀來達到放鬆的目的，在平常下班時間也許會因為愛好烹飪而煮幾道好菜當作休閒娛樂，甚至挪出時間去參加人際溝通或是情緒與壓力調適等

的自我成長課程，以期能運用於志願服務的傳遞當中，換言之，休閒耕耘了志工的心靈、精神和個性。

　　上述這些運動休閒理論說明了休閒與人類的工作經驗、成長歷程或是生活態度等經驗之間的相關性，這些理論有助於我們分析休閒的目的。不同於西方主流的運動休閒理論，東方的運動休閒理論偏向天人合一的自在觀。誠如葉志魁（2006）的看法，逍遙最基本的涵義為自由自在、悠閒、無憂無慮、從容自在、怡然自適、無所羈絆的心態。Kraus（1990）則將多位學者對休閒的研究，整理出五個觀點：

1. **古典休閒論**（the classical view of leisure）：此觀點強調內心層面的休閒觀，認為休閒是自由的理想狀態，也是精神與心智的啟蒙機會，而不是外在形式化的休閒活動，亞里斯多德即是此一觀點的代表。
2. **社會階層的休閒論**（leisure as a symbol of social class）：在封建與文藝復興時代，休閒被視為是一種代表社會階層的符號，只有有錢人才真正擁有能力休閒。
3. **休閒即自由時間**（leisure as unobligated time）：許多社會學都把休閒界定為在為了生活所必須從事的工作之外的自由時間，或者是把有關工作和日常生活所需（如吃、睡、做家事）的時間扣除之後，所剩餘的個人可以自由運用的時間。
4. **休閒即活動**（leisure as activity）：此觀點把休閒定義為人們在自由時間裡從事的遊憩活動。
5. **整體性的觀點**（leisure as a state of being: a holistic view）：此一觀點綜合休閒的內在主觀意義和外在客觀的自由時間與活動型態，強調在活動中覺知到自由及休閒涉入的角色，藉由探索自己的能力來豐富經驗與尋求自我實現。

由上述理論中可知，休閒作為一種社會機制，承擔著社會整合的功能，其整合了人們參與休閒所產生的心理、生理以及社交效益，進而呈現出休閒對個體價值及其對社會發展的貢獻。

休閒整合了人們參與休閒所產生的心理、生理及社交效益
（徐欽祥提供）

▶ 結語

　　幾千年來，「休閒」一直在人類文明演化的歷史中具有重要的文化價值。休閒研究的興起讓人們有機會透過休閒進行人生價值的思索。現今，休閒已經逐漸成為人們生活中愈來愈重要的活動與思考，透過對西方主流運動休閒理論的瞭解，人們開始嘗試思考因工作所付出的代價是否值得。另一方面，我們也有機會將傳統文化思

想中，追求天人合一、人與自然的和諧共存的休閒境界與西方的休閒觀做一對照。透過本章的介紹，讀者應該能夠體會無論如何皆不能否認運動休閒在人們生活中扮演的角色，其不僅協助人們追求自由自在的精神狀態，進而獲得一種無拘無束的生活方式，同時也提高了我們的生活品質。

問題討論

一、請分別從時間、活動、體驗的觀點敘述休閒的意涵。

二、請敘述休閒、遊戲、遊憩、運動等概念之間的異同。

三、請從Bammel和Burrus-Bammel的觀點敘述運動休閒的理論模式。

四、請說明Bammel和Burrus-Bammel的運動休閒理論模式中，有哪幾個觀點和工作有關係？

參考文獻

一、中文部分

于光遠、馬惠娣（2006）。《休閒、遊戲、麻將》。北京：文化藝術出版社。

李仲廣、盧昌崇（2004）。《基礎休閒學》。北京：社會科學文獻出版社。

胡小明、虞重干（2004）。《體育休閒娛樂理論與實踐》。北京：高等教育出版社。

馬惠娣（2004）。《休閒：人類美麗的精神家園》。北京：中國經濟出版社。

馬惠娣（2008）。〈休閒、休閒體育、後北京奧運〉，2008年3月20至23日出席廣州休閒體育國際研討會的大會主題發言。http://www.chineseleisure.org/2008n/080409.html，檢索日期：2010年3月7日。

涂淑芳譯（1996），Bammel, G.與Burrus-Bammel, L. L.著。《休閒與人類行為》。臺北：桂冠。

梁永安譯（2004），Rybczynski, W.著。《等待週末：周休二日的起源與意義》。臺北：貓頭鷹。

許立宏（2005）。《運動哲學教育》。臺北：冠學。

黃立賢（1999）。〈中小學教師實施休閒教育實務篇——觀念與策略之探討〉，《學生輔導》。第60期，頁80-89。

葉智魁（2006）。《休閒研究——休閒觀與休閒專論》。臺北：品度。

劉曉傑、劉慧梅譯（2008），Godbey, G.與Shim, J.著。〈北美休閒研究的發展：對中國的影響〉，《浙江大學學報》。第38卷，第4期，頁22-29。

蔡茂其（1999）。《休閒活動的起源與發展研究》。臺北：大新。

鄭向敏、宋偉（2008）。運動休閒的概念闡釋與理解〉，《北京體育大學學報》。第31卷，第3期，頁315-317。

鄭健雄（1997）。〈休閒哲學理念內涵暨分類〉，《1997休閒、遊憩、觀光研究成果研討會》。頁243-264。

謝芳慶（1995）。〈閑、間、閒〉，《語文建設》。第6期，頁36。

二、外文部分

Burch, W. (1969). Social circles of leisure: Competing explanations. *Journal of Leisure Research*, 1, 125-147.

Dumazedier, J. (1974). *Sociology of Leisure*. New York: Elsevier.

Kelly, J. (1996). *Leisure* (3rd Ed.), Boston: Allyn & Bacon.

Kelly, J. R. & Godbey, G. (1992). *The Sociology of Leisure*. State College, PA: Venture Publishing.

Kraus, R. G. (1990). *Recreation and leisure in the modern society* (4th Ed.), New York: Harper Collins Publishers.

Neulinger, J. (1981). *The Psychology of Leisure*. Springfield, IL: Charles C. Thomas.

Stebbins, R. A. (2001). Serious leisure. *Society*, 38(4), 53-57.

Chapter 2
運動休閒型態

徐欽祥

單元摘要

本章主要介紹運動休閒型態,並透過幾項重要的運動資源評估方式建立分類系統,進而提供運動休閒相關政策研究,及管理規劃一個統一架構。此外,本章亦針對我國現有的運動休閒與觀光遊憩資源做分類整理,提供讀者更多參與運動休閒的機會。

學習目標

- 瞭解運動休閒的型態
- 瞭解運動休閒資源的評估方式
- 對我國現有的運動休閒與觀光遊憩資源有一基本概念

▶ 前言

　　或許您也有過這樣的經驗：當您問朋友們一星期工作多少時間，他們幾乎可以肯定精確的回答出來，然而，若您要他們回答一星期進行運動時間的長短，卻不是這麼容易，因為有些運動休閒活動實在很難歸類為運動休閒還是工作，例如一位探險運動帶領者長年與陌生團員在山野林間相處，不斷地進行上山、探險、紮營、下山的循環，儘管他始終熱愛戶外運動休閒，然而卻不容易歸納出其運動休閒型態。另一方面，大多時候，運動休閒資源往往影響著人們的運動休閒型態，因此本章針對運動休閒資源以及運動休閒型態進行歸納分析。

運動休閒往往很難精準的歸納出時間、類型（徐欽祥提供）

第一節　運動休閒資源與型態

一、運動休閒資源的定義

　　運動休閒資源係指提供給參與者進行探索、娛樂、休息、觀賞、渡假、療養等機會的客體，其內容包含了資源的類型、數量、規模、功能，以及開發利用情況等特點，這些自然或是人為環境的因素和條件在人們的使用之下，能產生經濟價值，進而提高人類當前及未來利益。一般相關文獻多用觀光資源、休閒資源、遊憩資源或是旅遊資源來加以描繪，本章則以「運動休閒資源」為出發來探討「資源」的本質，亦即瞭解參與者在多樣的運動休閒資源中，透過個人對於特定運動休閒活動的選擇，得到不同的運動休閒體驗，這些實際的感受，無論是靜態、動態、感性、熱情等，多數必須依賴運動休閒資源作為媒介方能達成；換言之，多樣的地形、植物、野生動物、氣候等條件對運動休閒活動參與者構成吸引力，並引發其消費的意願，進而得到運動休閒效益。

二、運動休閒資源評估

　　一般而言，運動休閒資源分類的方法因對象和目的的不同而產生不同的分類方法，例如針對運動休閒資源本體特性可分為自然生態區和人為開闢之運動休閒區等；此外，亦有依據運動休閒資源來建立之分類系統，例如海岸、森林、高山、古蹟等，這些分類方式對運動休閒相關政策研究及管理規劃提供一個統一架構。然而，無

論分類方式為何，其基礎都必須先對運動休閒資源評估，本章則列舉幾項重要評估方式以供讀者參考。

(一) 加拿大土地資源調查

依據加拿大土地資源調查（Canada Land Inventory, CLI）系統對於環境資源使用的評估，將評估分成使用潛力性（use capability）、使用可行性（use feasibility），及使用適宜性（use suitability）三階段加以分析。透過各種調查、分析與評價的方式，以瞭解區域發展生態旅遊的潛力：

1. **潛力分析**：由居民意願、現地資源、遊客需求及觀光專業人士評價診斷，分析觀光資源之潛力。
2. **可行性分析**：從經濟效益及經營管理面評估資源是否可以提供觀光遊憩使用。
3. **適宜性分析**：針對資源的潛力與條件限制，進行適宜性分析，找出適宜發展的項目及類型（黃躍雯，2009）。

總而言之，潛力分析乃是指運動休閒資源在最適合經營管理的情況下，例如分析某地之生態與生產資源，用以評估其潛在能量所產生的最佳產能；至於可行性則是說明運動休閒資源在某特定社會經濟情況下，開發該項資源地的可能性，例如位於墾丁國家公園東北方的南仁湖為一天然熱帶季風雨林，是國內少數僅存的低海拔原始林，完整之動物及珍貴之植群除富於學術研究價值外，並可以提供環境教育及景觀欣賞使用，然而，若是毫無管制地開放給民眾參觀，則有可能造成生態衝擊，因此，其可行性上仍以總量管制為主；適宜性分析則聚焦在現有運動休閒資源情況下，提供各種活動使用的適宜度，好比一些設立戶外體驗教育場的學校除了平時可供

學生上課使用之外，亦可以開發各種體驗課程供企業和社會團體訓練之用。值得注意的是，對潛力分析與適宜性之間的相關性，如林晏州（1988）便認為，由於每種遊憩活動均需一定實質資源條件，方能使參與者得到最高滿意程度，相同高潛能之觀光遊憩資源可能因資源特性差異而適合提供不同之遊憩活動，若僅分析潛能而不分析適宜性，可能造成資源之錯誤使用決策，浪費大量人力與物力。故觀光遊憩資源之評估必須同時分析潛能與活動適宜性。

(二) Coppock分析法

1974年，Coppock、Duffield和Sewell所提出之Coppock分析法認為，遊憩資源發展潛力應針對四項因素加以評估，分別為：

1. **陸上遊樂活動之適用性**：陸上遊憩活動利用適宜性評估，包含露營、篷車旅行、野餐遊憩資源、騎馬遊憩資源、散步及健行遊樂資源、狩獵遊憩資源、爬岩遊憩資源、滑雪遊憩資源等，並詳列各類活動所需資源據以評估各單位是否適合該類活動。
2. **水域遊樂活動之適宜性**：水域活動之適宜性須依所需資源條件加以評估，以內陸水域釣魚、其他內陸水域之水上活動、接近道路之水上活動、海洋為主之活動、接近道路之海岸活動等七種活動加以分析，對適宜度進行評分。
3. **景觀品質**：景觀品質之評估分為地形景觀及土地使用景觀兩項。
4. **生態上之重要程度**：生態上重要程度則依植物群落所占面積百分比，分為都市地區、農業用地、林地、荒野地、雜作地、水域加以評估。

(三) 遊憩機會序列

Clark和Stankey（1979）所提之遊憩機會序列（Recreation Opportunity Spectrum, ROS）概念（如**圖2-1**），乃是就資源之實質環境、經營管理環境，以及社會環境等三大類屬性來界定遊憩機會序列；進一步而言，Clark和Stankey（1979）利用可及性、非遊憩資源使用的狀況、現地經營管理、社會互動、可接受的遊客衝擊程度與可接受的制度化管理等六大要素來界定遊憩機會，從而使遊客滿足不同的遊憩需求以獲得高品質的遊憩體驗。若將環境的機會、活動的機會、體驗的機會加以組合，則使得遊憩機會構成一個序列。由**圖2-1**的架構圖可知其資源分類方式多從現代化、半現代化、半原始型及原始型等分成數個連續的等級。透過遊憩機會序列的理論架構可瞭解到不同的遊憩機會環境對應著不同的地理環境條件，如**表2-1**所示。值得注意的是，遊憩機會序列模式應用之可行性須滿足兩項基本假設：(1) 遊客偏好與所選用之遊憩機會有關；以及 (2) 遊客所選用的遊憩機會可提供其滿意之遊憩體驗，意即遊客選擇此一遊憩機會來從事遊憩活動必定是偏好此區之環境屬性及其所能提供之遊憩體驗。總而言之，人們追求遊憩體驗的滿足，體驗的異同可以來自活動項目（如登山、釣魚、游泳、騎單車、觀賞等），也可以來自觀光行為發生時的背景環境（如山谷、荒地、高山、遊樂場等）。因此遊憩體驗乃是不同的人、活動、環境三者在整體的生活空間趨向均衡的過程。

由上述資料可知，利用遊憩機會序列可以瞭解到遊憩的現況，以及未來可能的發展情形，進而用以規劃遊憩機會，以及能夠提供的遊憩機會項目。

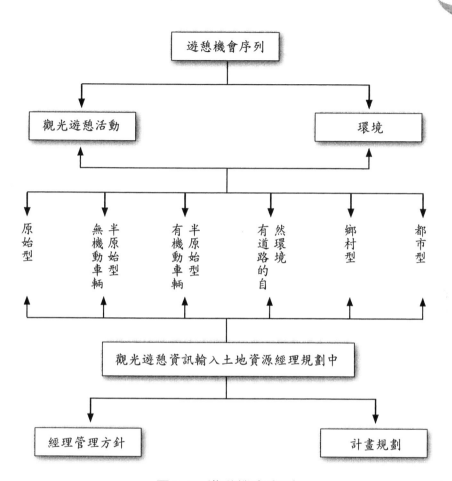

圖2-1　遊憩機會序列

資料來源：李銘輝、郭建興（2000）；Clark和Stankey（1979）。

表2-1 遊憩機會環境與環境特性

類型	環境特性（地理環境條件）
原始區	未經改變的自然環境範圍相當大。使用者之間的互動程度很低，也很少看到其他使用者的活動跡象。避免人為的限制或控制，不准使用機動車輛
無機動車輛的半原始區	中到大面積的「自然」或「看起來自然」的環境。使用者之間的互動程度很低，可常看到其他使用者的活動跡象。人為的限制或控制極少並且不明顯，不允許使用機動車輛
有機動車輛的半原始區	中到大面積的「自然」或「看起來自然」的環境。使用者聚集的情形不多，可常看到其他使用者的活動跡象。人為的限制或控制極少而不易察覺，可以使用機動車輛
有路的自然區	自然度高，但有與自然環境調和的人為聲光。使用者之間的互動程度低到中等，其他使用者的活動跡象普遍可見。明顯的改變和使用資源，可使用機動車輛
鄉村區	自然環境受到改變，資源的運用主要在於增加遊憩活動、植被和維護土壤。人為聲光很普遍，使用者之間的互動程度由中到高，許多遊憩設施。區域外的地區提供中密度使用，提供高密度車輛使用和停車設施
都市區	雖有明顯的自然要素，但以都市化環境為主。植被常常是外來和經過修剪的，人為聲光居主要地位。可能有很多當地或鄰近地區的遊客。高密度使用機動車輛，停車設施完善，常有大眾運輸系統進出

資料來源：王鑫（1997）；Clark與Stankey（1979）。

三、運動休閒的分類

有了上述運動休閒資源的評估，人們透過適當的分類才知道在什麼環境下應該從事哪些運動休閒活動。運動休閒分類因目的、對象不同而產生不同的方法，適當的分類能夠促進運動休閒資源的利用和保育；同時，將類似特性的資源歸類亦有助於經營管理單位的管理與維護。一般在針對運動休閒進行分類時多從資源的吸引力，以及資源特性兩方面來加以論述，由於各學者的分類眾多，礙於篇幅，本文僅探討交通部觀光局的分類，以及Stebbins的認真休閒與隨性休閒觀點。

(一) 交通部觀光局

依據交通部觀光局（2010）針對2008年國人至各地區旅遊時喜歡的遊憩活動資料顯示，其將遊憩活動主要分成五大類，包括了自然賞景活動、文化體驗活動、運動型活動、遊樂園活動以及其他休閒活動等，其涵蓋之相關運動休閒活動以及相關統計數據如**表2-2**所示。

(二) Stebbins的觀點

上述之運動休閒活動分類明確地將相關資源做一區隔，不僅有助於運動休閒活動的規劃，同時也利於調查研究。對於大多數人而言，從事運動休閒活動大多是希望追求自己想要的效益，無論是生理、心理或是社交效益，然而有些人對於特定運動休閒活動有著一種鍥而不捨的追求，著迷於多樣與嚴峻的挑戰，這即是Stebbins（2001）所謂的「認真休閒」（serious leisure），其將認真休閒者分成三類，同時各有其專注的運動休閒活動：

表2-2　2008年國人至各地區旅遊時喜歡的遊憩活動　　　單位：%

遊憩活動 ＼ 旅遊地區	北部地區	中部地區	南部地區	東部地區	全體
自然賞景活動	**49.2**	**45.1**	**46.1**	**73.3**	**47.1**
觀賞海岸地質景觀、濕地生態、田園風光、溪流瀑布等	25.7	15.6	24.2	49.1	22.6
露營、登山、森林步道健行	16.4	23.2	15.5	26.4	18.4
觀賞動、植物（如賞花、鳥、鯨、螢火蟲等）	20.5	21.0	16.5	22.5	19.1
觀賞日出、雪景、星象等自然景觀	3.0	5.5	6.9	10.9	5.1
文化體驗活動	**21.0**	**28.3**	**24.5**	**21.4**	**22.8**
觀賞文化古蹟	5.8	6.2	8.7	4.6	6.1
節慶活動及表演節目欣賞	2.8	3.9	4.1	4.1	3.6
參觀展覽（如博物館、美術館、博覽會、旅展等）	7.0	6.4	5.3	5.8	5.7
傳統技藝學習（如竹藝、陶藝、編織等）	0.9	0.9	0.3	0.2	0.7
原住民文化體驗	0.2	1.2	0.8	3.9	0.8
宗教活動	5.9	11.5	7.1	3.4	7.3
農村生活體驗	1.4	2.2	1.5	4.3	1.7
鐵道懷舊	0.3	1.7	0.7	—	0.8
運動型活動	**6.3**	**5.4**	**8.5**	**12.3**	**6.8**
游泳、潛水、衝浪、滑水、水上摩托車	1.2	0.6	3.3	4.5	1.8
泛舟、划船	0.1	0.2	0.3	2.0	0.3
乘坐遊艇、渡輪	2.0	1.5	3.5	2.3	2.1
釣魚	0.6	0.2	0.2	0.3	0.4
飛行傘	0.0	0.1	—	—	0.0

（續）表2-2　2008年國人至各地區旅遊時喜歡的遊憩活動　　單位：%

遊憩活動 ＼ 旅遊地區	北部地區	中部地區	南部地區	東部地區	全體
業餘球類運動（如高爾夫、網球、籃球、羽球等）	0.3	0.1	0.2	0.0	0.2
攀岩	0.0	0.0	0.0	—	0.0
溯溪	0.2	0.2	0.0	0.1	0.1
滑草	0.0	0.1	0.1	0.2	0.1
騎協力車、單車	2.2	2.8	1.5	4.7	2.2
觀賞球賽	0.0	0.0	0.1	0.1	0.1
遊樂園活動	**4.9**	**5.5**	**2.8**	**4.4**	**3.9**
機械遊樂活動	3.9	3.6	1.3	1.5	2.5
水上遊樂活動	0.4	0.3	0.7	1.0	0.5
觀賞園區表演節目	0.4	1.3	0.8	1.5	0.8
遊覽園區特殊主題	0.6	1.3	0.3	1.3	0.7
其他休閒活動	**45.1**	**29.9**	**36.4**	**32.5**	**37.0**
駕車兜風（汽車、機車）	0.4	1.7	2.2	2.7	1.4
泡溫泉、做spa	6.8	4.0	3.6	15.1	5.3
品嚐當地美食、茗茶、喝咖啡	32.0	19.3	22.5	17.0	24.1
觀光果（茶）園參觀活動	0.8	2.3	0.5	0.7	1.1
逛街、購物	25.0	14.1	18.3	6.9	18.8
其他	1.2	0.6	1.7	0.5	1.1
都不喜歡、沒有特別的感覺	**2.0**	**2.5**	**2.5**	**2.4**	**2.4**
純粹探訪親友，沒有安排活動	**12.8**	**16.5**	**14.9**	**5.9**	**15.4**

資料來源：交通部觀光局（2010）。

宗教觀光逐漸成為熱門的文化體驗活動（徐欽祥提供）

1. 業餘者（amateur）：業餘者通常都出現在藝術、科學、運動及娛樂等方面的專業領域。業餘者雖然不是倚賴該領域的活動謀生，但他們都秉持著以能夠成為專家為目標的態度，因此他們所投入的時間與精力是一般休閒參與者所不能及。

2. 嗜好者（hobbyist）：嗜好者通常是從參與活動的過程中發現持久性的效益，及體驗活動的樂趣，進而引發自己持續投入的意願。嗜好者分成收藏者、製造者與工匠、活動參與者以及非職業性的比賽運動者等。

3. 志工（career volunteer）：志工是個體出於自願，並且不以經濟效益為主要目的。一般的行善或老人照護義工皆屬之，藉由幫助他人所得到的快樂是志工最主要的參與動機。

至於認真休閒者的特性，Stebbins（2006）敘述如下：

1. **不屈不撓的精神**（the occasional need to persevere）：亦即不管活動的結果如何，其仍是堅持正面的感受對待之，如同在一個連敗的球季裡，還是不斷地持續支持某一個球隊。
2. **如志業般付出**（careers in the endeavors）：藉由自身特殊的能力成就和邁向更高的境界。
3. **盡個人最大的努力**（significant personal effort）：透過特殊的知識、訓練、經驗和技能來持續努力，例如特技人物的表演技巧、運動員高超的本領、科學知識，或是擔任某個角色累積的經驗。
4. **八項持續的利益**（eight durable benefits）：自我實現（self-actualization）、自我充實（self-enrichment）、自我表現（self-expression）、自我重塑或是重建（recreation or renewal of self）、成就感（feeling of accomplishment）、提升自我形象（enhancement of self-image）、社會互動與歸屬感（social interaction and belongingness）、活動所帶來的持續實體成果（lasting physical products of the activity）。此外，還有所謂的自我滿足（self-gratification）利益。
5. **獨特精神特質**（unique ethos）：所謂的精神特質乃是認真休閒參與者形成的一個社群，他們有共享的態度、價值、信仰和目標等。
6. **在活動中尋求強烈的認同**（identify strongly with their chosen pursuits）：即是比隨性休閒投入更多的情感而發掘更堅定的認同感。

　　相對於認真休閒，隨性休閒（casual leisure）乃是立即性的、內在回饋式的、相對短暫愉悅的活動，Stebbins指出隨性休閒至少包含下列六種類型：遊戲、放鬆（如散步、開車兜風）、被動性娛樂（如看電視、聽音樂）、主動性娛樂（如猜謎、拼圖、舞會）、社交聊天與感覺刺激（如對於美學、刺激感等的需求）等。這類活動不需特殊的訓練即可參與，大多數人提到休閒即會想到隨性休閒，如果人們希望能在參與隨性休閒的過程中獲得對生、心理方面較持久的效益，例如自我實現等，隨性休閒將有其本質上的限制。長久以來，Stebbins致力於休閒研究的發展，在其2006年的著作 *"Serious Leisure: A Perspective for Our Time"* 中，他進一步提出專案式休閒（project-based leisure）以完備認真休閒觀點（serious leisure perspective），他指出所謂專案式休閒乃指一種短期性活動、一定程度複雜的活動，和一次性或是偶發性活動，並在自由時間或是生活約束之外的時間，透過非經常性和創造性的承諾來達成。

認真休閒者具備不屈不撓的特性，以追求自我實現（徐欽祥提供）

 第二節　我國運動休閒資源

　　臺灣為一海島，蘊藏了豐富的自然資源和多樣的人文風貌，提供了民眾更多的運動休閒機會。在我國運動休閒體系中，除了各縣市體育場、各運動組織單位，以及非營利機構扮演了中間角色外，觀光遊憩體系亦扮演重要的推手。在觀光遊憩區管理體系方面，國內主要觀光遊憩資源除觀光行政體系所屬及督導的風景特定區、民營遊樂區外，尚有內政部營建署所轄國家公園、行政院農業委員會所轄休閒農業及森林遊樂區、行政院退除役官兵輔導委員會所屬國家農（林）場、教育部所管大學實驗林、體育委員會所管高爾夫球場、經濟部所督導之水庫及國營事業附屬觀光遊憩地區，均為國民從事觀光旅遊活動之重要場所（交通部觀光局，2010）。國內觀光遊憩區，由於各分類下的運動休閒遊憩區眾多，本文僅針對國家公園、國家風景區、國家森林遊樂區、公營休閒農場、野生動物重要棲息環境以及野生動物保護區等幾項分類加以敘述（如**表2-3**）。

一、國家公園

　　依據國家公園法第一條及第六條的規定，設立國家公園是為了保護國家特有的自然風景、野生物及史蹟，並供國民之育樂及研究。其選定標準如下：

1. 具有特殊自然景觀、地形、地物、化石及未經人工培育自然演進生長之野生或子遺動植物，足以代表國家自然遺產者。

表2-3　國內觀光遊憩區分類表

分類		管轄單位
國家公園		內政部營建署，計有8處
國家風景區		交通部觀光局，計有13處
風景特定區		中央級風景特定區——交通部觀光局，計有4處
		縣市級（定）風景特定區——縣市政府，計有17處
森林遊樂區		農委會林務局，計有18處
		大學實驗林：教育部，計有2處
		行政院退輔會，計有8處
自然保護區		農委會林務局，計有6處
自然保留區		農委會林務局，計有19處
公營休閒農場		行政院退輔會，計有6處
野生動物保護區		農委會林務局，計有17處
野生動物重要棲息環境		農委會林務局，計有32處
其他	溫泉區	中央為經濟部管轄、地方為縣市政府管轄，計有92處
	高爾夫球場	行政院體委會，計有84處
	海水浴場	縣市政府，計有19處
	古蹟	國定為內政部管轄，縣市定為縣市政府管轄，計有381處
	博物館、美術館	教育部，計有165處
	形象商圈及商店街	經濟部，計有21處

資料來源：作者自行整理。

2. 具有重要之史前遺跡、史後古蹟及其環境富教育意義，足以培育國民情操，而由國家長期保存者。

3. 具有天賦育樂資源，風景特異，交通便利，足以陶冶國民性情，供遊憩觀賞者。

　　根據內政部營建署2010年資料顯示，「國家公園」是指具有國家代表性之自然區域或人文史蹟。臺灣自1961年開始推動國家公園與自然保育工作，1972年制定「國家公園法」之後，相繼成立墾丁、玉山、陽明山、太魯閣、雪霸、金門、東沙環礁與台江共計八座國家公園；為有效執行國家公園經營管理之任務，於內政部轄下成立國家公園管理處，以維護國家資產。（如**表2-4**）

雪霸國家公園的自然景觀吸引遊客前往（徐欽祥提供）

表2-4　臺灣國家公園分布表

區域	國家公園名稱	主要保育資源	面積（公頃）	管理處成立日期
南區	墾丁國家公園	隆起珊瑚礁地形、海岸林、熱帶季林、史前遺址海洋生態	18,083.50（陸域） 15,206.09（海域） 33,289.59（全區）	民國73年1月1日
中區	玉山國家公園	高山地形、高山生態、奇峰、林相變化、動物相豐富、古道遺跡	105,490	民國74年4月10日
北區	陽明山國家公園	火山地質、溫泉、瀑布、草原、闊葉林、蝴蝶、鳥類	11,455	民國74年9月16日
東區	太魯閣國家公園	大理石峽谷、斷崖、高山地形、高山生態、林相及動物相豐富、古道遺址	92,000	民國75年11月28日
中區	雪霸國家公園	高山生態、地質地形、河谷溪流、稀有動植物、林相富變化	76,850	民國81年7月1日
福建省	金門國家公園	戰役紀念地、歷史古蹟、傳統聚落、湖泊濕地、海岸地形、島嶼型動植物	3,719.64	民國84年10月18日

（續）表2-4　臺灣國家公園分布表

區域	國家公園名稱	主要保育資源	面積（公頃）	管理處成立日期
南海區	東沙環礁國家公園	東沙環礁為完整之珊瑚礁、海洋生態獨具特色、生物多樣性高、為南海及臺灣海洋資源之關鍵棲地	174（陸域）353,493.95（海域）353,667.95（全區）	東沙環礁國家公園於民國96年1月17日正式公告設立 海洋國家公園管理處於96年10月4日正式成立
南區	台江國家公園	自然濕地生態、台江地區重要文化、歷史、生態資源、黑水溝及古航道	4,905（陸域）34,405（海域）39,310（全區）	台江國家公園於民國98年10月15日正式公告設立
小計	陸域		312,677.14	陸域面積約占臺灣全島8.64%
	海域		403,105.04	
總計	全區		715,782.18	

資料來源：內政部營建署（2010）。

二、國家風景區

　　國家風景區是指中華民國交通部觀光局依據「發展觀光條例」第十條，結合相關地區之特性及功能等實際情形，經與有關機關會商等規定程序後劃定並公告的「國家級」重要風景或名勝地區。據以制訂「國家風景區管理處組織通則」，作為所有國家風景區管理單位的法源依據。目前臺灣有十三個國家風景區，包括擁有各類特殊海岸地形的北海岸及觀音山國家風景區、東北角暨宜蘭海岸國

家風景區；嶙峋海崖的東部海岸國家風景區及牧野風光的花東縱谷
國家風景區，各處國家風景區之簡介如**表2-5**。（交通部觀光局，
2010）

表2-5　國家風景區簡介

國家風景區名稱	主要特色
北海岸暨觀音山 國家風景區	全區有十八連峰，地形壯觀。全山為火成岩所構成，登上西山頂俯視臺灣海峽，東望關渡，淡水河繚繞，風景如畫
東北角暨宜蘭海岸 國家風景區	東北角依山傍海，灣岬羅列，有嶙峋的奇岩聲崖、巨觀的海蝕地形、細柔的金色沙灘，以及繽紛的海洋生態，並且孕育出淳樸的人文史蹟
參山 國家風景區	參山國家風景區經營管理範圍包括原來的獅頭山、梨山和八卦山三個風景區，總面積77,521公頃，遊憩資源多元而獨特
日月潭 國家風景區	日月潭位於臺灣本島中央，是臺灣最大的淡水湖泊，也是最美麗的高山湖泊，潭面以拉魯島為界，東側形如日輪，西側狀如月鉤，故名日月潭，其浪漫優美的景致，是臺灣中外最負盛名的觀光景點之一
阿里山 國家風景區	阿里山共由18座高山組成，屬於玉山山脈的支脈，隔同富溪與玉山主峰相望，現在新中橫公路已將阿里山與玉山風景區串連起來。日出、雲海、晚霞、森林與高山鐵路，合稱阿里山五奇，而鄒族人文資源更增其觀光魅力
雲嘉南濱海 國家風景區	該區包含廣闊的沙洲、濕地、潟湖等綠地海岸景觀及其孕育的豐富生態資源，數千公頃的鹽田及養殖漁塭；為數眾多的廟宇及宗教文化與台江內海地區的開臺歷史遺址，而最受矚目的則是黑面琵鷺棲地保護區每年引來數百隻黑面琵鷺
茂林 國家風景區	範圍含括高雄縣桃源鄉、六龜鄉、茂林鄉及屏東縣三地門鄉、霧台鄉、瑪家鄉等六個鄉鎮，從奇特地形、溫泉景觀、原住民人文風情、泛舟飛行、各式動靜態活動等，鄉鎮特色皆不同

（續）表2-5　國家風景區簡介

國家風景區名稱	主要特色
花東縱谷 國家風景區	最大的特色是體驗東臺灣的產業、平野幽谷之風情，以及縱谷線本身所具備之產業、地景、田園、人文、聚落等資源
西拉雅 國家風景區	此區位於臺南縣嘉南平原東部高山與平原交接處，範圍廣大，因地處高山與平原交接處，又有溪河橫切，呈現不同地形變化，形成天然的瀑布飛泉等景觀，境內還富含地熱地質，是一處渾然天成的地質教室，區內亦有數座聞名遐邇的水庫
大鵬灣 國家風景區	大鵬灣國家風景區包含大鵬灣及琉球兩大風景特定區。大鵬灣是臺灣最大的內灣，區內海域之動植物資源豐富；琉球是臺灣附近十四個屬島中唯一的珊瑚島，有三大特色：最佳觀日點、最多珊瑚品種及全島為珊瑚礁
東部海岸 國家風景區	東部海岸國家風景區位於花蓮、臺東縣的濱海部分，不但可享泛舟、賞鯨、潛水之樂，且在地形上、生態上，亦有其得天獨厚之處，加上豐富的原住民、史前文化，共同編織出東部海岸的迷人風華
澎湖 國家風景區	此區擁有歷史悠久的人文古蹟，得天獨厚的自然景觀，潔淨的沙灘，清澈的海水，每年的4至10月是澎湖的觀光旺季，已成為國人休閒渡假的好去處
馬祖 國家風景區	島上多為崎嶇山地，有著迷人的山海之美，卻因地理位置的特殊，歷史際遇的巧合，成為海上的堅強堡壘，籠罩於神秘的面紗之中

資料來源：整理自交通部觀光局（2010）。

三、國家森林遊樂區

　　臺灣面積僅3.6萬平方公里，卻擁有將近60%的森林覆蓋率，擁有豐富多變而獨特的自然景觀與森林資源。目前國家林森林遊樂區

共有二十二處，其中行政院農業委員會林務局經營管理當中的十八處，其餘四處分別由行政院國軍退除役官兵輔導委員會榮民森林管理處、國立臺灣大學生物資源暨農學院實驗林管理處和國立中興大學實驗林管理處經營管理。（如**表2-6**）

表2-6　國家森林遊樂區一覽表　　　　　　　　　　　　　單位：公頃

名稱	管轄單位	所在地	主題特色	面積
內洞 國家森林遊樂區	林務局新竹林區管理處	新北市烏來區	瀑布、溪流、陰離子、烏來台車、登山健行、賞蛙	1,191.34
滿月圓 國家森林遊樂區	林務局新竹林區管理處	新北市三峽區	瀑布、溪流、陰離子、賞楓、賞鳥、賞蛙、賞蝶、登山健行	1,573.44
東眼山 國家森林遊樂區	林務局新竹林區管理處	桃園縣復興鄉	賞鳥、人工造林、生痕化石、林業文化、登山健行	916
觀霧 國家森林遊樂區	林務局新竹林區管理處	新竹縣五峰鄉	地形景觀、日出日落及雲霧景觀、觀瀑、紅檜巨木群觀賞、賞鳥、賞蝶、賞花、登山健行、森林浴	907.42
太平山 國家森林遊樂區	林務局羅東林區管理處	宜蘭縣大同鄉	檜木原始林、溫泉、雲海、瀑布、湖泊	12,631
武陵 國家森林遊樂區	林務局東勢林區管理處	宜蘭縣大同鄉臺中市和平區	櫻花鉤吻鮭、原始森林、櫻花、雪景、瀑布	3,760
大雪山 國家森林遊樂區	林務局東勢林區管理處	臺中市和平區	雲霧、紅葉、芬多精、森林浴、賞鳥、登山、森林體驗、觀星	3,968.84

（續）表2-6　國家森林遊樂區一覽表　　　　　　　　單位：公頃

名稱	管轄單位	所在地	主題特色	面積
八仙山國家森林遊樂區	林務局東勢林區管理處	臺中市和平區	溪流、賞鳥（赤腹山雀）、賞蝶、山櫻花	2,492.32
合歡山國家森林遊樂區	林務局東勢林區管理處	臺中市和平區南投縣仁愛鄉花蓮縣秀林鄉	日出、晚霞、賞雪、賞花	457.61
奧萬大國家森林遊樂區	林務局南投林區管理處	南投縣仁愛鄉	賞楓、瀑布洗禮、森林浴、賞鳥	2,787
阿里山國家森林遊樂區	林務局嘉義林區管理處	嘉義縣阿里山鄉	地形景觀、日出景觀、神木及巨木觀賞、森林火車、賞花、登山健行、森林浴	1,400
藤枝國家森林遊樂區	林務局屏東林區管理處	高雄市桃源區	森林浴、登高眺遠、森濤、雲霧、六龜警備道	770
雙流國家森林遊樂區	林務局屏東林區管理處	屏東縣獅子鄉	森林浴、健行、溪谷瀑布、賞蝶、登山健行、森林浴、觀瀑、賞鳥、賞蝶	1,569.5
墾丁國家森林遊樂區	林務局屏東林區管理處	屏東縣恆春鎮	熱帶季風雨林與高位珊瑚礁岩	75
池南國家森林遊樂區	林務局花蓮林區管理處	花蓮縣壽豐鄉	動、植物自然生態環境及林業歷史回顧	145
富源國家森林遊樂區	林務局花蓮林區管理處	花蓮縣瑞穗鄉	動、植物自然生態環境、森林浴	190.97
向陽國家森林遊樂區	林務局臺東林區管理處	臺東縣海端鄉	日出、雲海、登山步道、霧林檜木、高山鳥類、帝雉	362

（續）表2-6　國家森林遊樂區一覽表　　　　　　　單位：公頃

名稱	管轄單位	所在地	主題特色	面積
知本國家森林遊樂區	林務局臺東林區管理處	臺東縣卑南鄉	亞熱帶森林、百年大白榕、臺灣蝴蝶蘭、百年酸藤	110.8
明池國家森林遊樂區	退輔會	宜蘭縣大同鄉	森林景觀、鳥類、蝶類、松鼠、鴛鴦、綠頭鴨	1,700
棲蘭國家森林遊樂區	退輔會	宜蘭縣大同鄉	步道、自然生態	1,700
溪頭國家森林遊樂區	臺大實驗林	南投縣鹿谷鄉	柳杉、臺灣杉、竹類、自然生態	2,200
惠蓀國家森林遊樂區	興大實驗林	南投縣仁愛鄉	溫泉、咖啡、健行	7,477

資料來源：整理自交通部觀光局（2010）。

四、公營休閒農場

　　退輔會為因應各平地農場之農地陸續完成放領，規劃各農場轉型為休閒農業，目前共計有武陵農場、福壽山農場、清境農場、嘉義農場、高雄休閒農場以及東河休閒農場等六處。發展至今，除嘉義農場外，其餘各農場主要收入來源，多僅係提供土地獲取合作經營之權利金收入，致各平地農場營運仍須仰賴安置基金補助款支應。目前已律定各農場達成自給自足目標，並妥擬改善措施，目前會屬農場對原場人員仍提供農業技術、產品產銷及拓展農業休閒之輔導，且仍優先雇用榮民、榮眷，有助安置政策之推行。

福壽山的楓紅吸引眾多遊客前往欣賞（徐欽祥提供）

五、野生動物保護區

　　為了保護野生動物及其棲息環境，臺灣地區積極推動野生動物保護區之設立，自1991年起，依據野生動物保育法，由行政院農業委員會核定，各縣市政府公告，共設立了十七處野生動物保護區，每一個野生動物保護區都有其特定的生態環境；保護區有四處在離島、五處在森林區、八處在溪流的出海口或臨近區域。這些保護區的生態環境包括河口濕地、沼澤、溪流、砂岸、無人海島等，保護的動物種類則以大洋性海龜、遷移性候鳥與水鳥、淡水魚為主。保護區面積最小的為宜蘭縣雙連埤野生動物保護區，僅17.16公頃，最大的則為臺灣東部的玉里野生動物保護區，面積達11,414.58公頃，十七個保護區總面積達25,818.9公頃。（如**表2-7**）

表2-7 野生動物保護區一覽表 　　　　　　　　　　單位：公頃

保護區名稱	地理位置	保育對象	面積
澎湖縣貓嶼海鳥保護區	澎湖縣望安鄉	保護海鳥及其棲地環境	36.2
高雄市三民區楠梓仙溪野生動物保護區	高雄市三民區	保護溪流魚類及其棲息環境	274.22
宜蘭縣無尾港水鳥保護區	宜蘭縣蘇澳鎮	保護珍貴溼地生態環境及棲息於內的鳥類	101.62
臺北市野雁保護區	臺北市萬華區	保護水鳥及稀有動植物	203
臺南市四草野生動物保護區	臺南市安南區	保護珍貴溼地生態環境及其棲息之鳥類	515.1
澎湖縣望安島綠蠵龜產卵棲地保護區	澎湖縣望安鄉望安島	保護綠蠵龜、卵及其產卵棲地	23.3
大肚溪口野生動物保護區	臺中市龍井區與大肚區及彰化縣伸港鄉與和美鎮	保護河口、海岸生態系及其棲息的鳥類等野生動物	2,669.73
棉花嶼、花瓶嶼野生動物保護區	基隆區北方外海約65公里處之島嶼	島嶼生態系及其棲息之鳥類、野生動物和火山地質景觀	226.3824
蘭陽溪口水鳥保護區	宜蘭縣壯圍鄉及五結鄉境內	河口、溼地生態系及棲息的鳥類	206
櫻花鉤吻鮭野生動物保護區	臺中市和平區武陵農場七家灣溪集水區	保護櫻花鉤吻鮭及其棲息與繁殖地	7,124.7
臺東縣海端鄉新武呂溪魚類保護區	臺東縣海端鄉	溪流魚類及其棲息環境	292

（續）表2-7　野生動物保護區一覽表　　　　　　單位：公頃

保護區名稱	地理位置	保育對象	面積
馬祖列島燕鷗保護區	東引鄉之雙子礁，北竿鄉之三連嶼、中島、鐵尖島、白廟、進嶼，南竿鄉之劉泉礁，莒光鄉之蛇山等八座島嶼	島嶼生態、棲息之海鳥及特殊地理景觀	71.6166
玉里野生動物保護區	花蓮縣卓溪鎮	原始森林及珍貴野生動物資源	11,414.58
新竹市濱海野生動物保護區	北含括客雅溪口（含金城湖附近），南至無名溝（竹苗交界），東起海岸線（以界標爲準），西至最低潮線（不包含現有海山漁港、浸水垃圾掩埋場及客雅污水處理廠預定地）	保護河口、海岸生態系及其棲息的鳥類等野生動物	1,600
臺南縣曾文溪口北岸黑面琵鷺動物保護區	臺南縣	曾文溪口野生鳥類資源及其棲息覓食環境	300
雙連埤野生動物保護區	宜蘭縣員山鄉	保護珍貴溼地生態環境及稀有水生植物	17.1578
高美溼地野生動物保護區	臺中市清水區	濕地生態系及其棲息之鳥類、動物	400

資料來源：整理自農委會林務局（2010）。

六、野生動物重要棲息環境

　　從野生動物保育的觀點而言，「野生動物重要棲息環境」可以說是國家保護區（包括國家公園、自然保留區、野生動物保護區等）外的另一種棲息地保育方式。從1995年至今，農委會陸續公告了三十處野生動物重要棲息環境，總面積達321,126.3公頃，約占全臺灣面積的8.3%。其中有十七處已公告為野生動物保護區，還有一些位於國家公園區域內。（如**表2-8**）

表2-8　野生動物重要棲息環境

棲息地名稱	類別	範圍	說明
棉花嶼野生動物重要棲息環境	島嶼生態系	全島陸域及其低潮線向海域延伸500公尺	1. 全域面積如下： (1) 陸域：13.3024公頃 (2) 海域：188公頃 (3) 總計：201.3024公頃 2. 以基隆市政府為地方主管／管理機關 3. 民國84年6月12日成立
花瓶嶼野生動物重要棲息環境	島嶼生態系	全島陸域及其低潮線向海域延伸200公尺	1. 全域面積如下： (1) 陸域：3.08公頃 (2) 海域：22公頃 (3) 總計：25.08公頃 2. 以基隆市政府為地方主管／管理機關 3. 民國84年6月12日成立

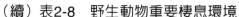

（續）表2-8　野生動物重要棲息環境

棲息地名稱	類別	範圍	說明
臺中市武陵櫻花鉤吻鮭重要棲息環境	溪流生態系	臺中市境大甲溪上游七家灣溪流域	1. 面積：7,095公頃 2. 以臺中市政府為地方主管／管理機關 3. 民國84年9月23日成立
宜蘭縣蘭陽溪口野生動物重要棲息環境	河口生態系	宜蘭縣蘭陽溪下游河口（噶瑪蘭大橋以東河川地）	1. 面積：206公頃 2. 以宜蘭縣政府為地方主管／管理機關 3. 民國85年7月11日成立
澎湖縣貓嶼野生動物重要棲息環境	島嶼生態系	大、小貓嶼全島低潮線以上陸域及其低潮線向海延伸100公尺內之範圍	1. 全域面積如下： (1) 陸域：10.0200公頃 (2) 海域：26.1842公頃 (3) 總計：36.2042公頃 2. 以澎湖縣政府為地方主管／管理機關 3. 民國86年4月7日成立
臺北市中興橋永福橋野生動物重要棲息環境	沼澤及溪流生態系	中興橋至永福橋間低水護岸起至縣市界止之河域及光復橋上游600公尺高灘地	1. 面積：245公頃 2. 以臺北市政府為地方主管／管理機關 3. 民國86年7月31日成立
高雄市三民區楠梓仙溪野生動物重要棲息環境	溪流生態系	高雄市三民區境內楠梓仙溪主流及所有支流（各流與主流匯流點上溯500公尺）	1. 面積：274.22公頃 2. 以高雄市政府為地方主管／管理機關 3. 民國87年3月19日成立
大肚溪口野生動物重要棲息環境	河口生態系	臺中市、彰化縣大肚溪下游河口及其向海延伸2公里內之海域	1. 面積：2,670公頃 2. 以臺中市政府與彰化縣政府為地方主管／管理機關 3. 民國87年4月7日成立

（續）表2-8　野生動物重要棲息環境

棲息地名稱	類別	範圍	說明
宜蘭縣無尾港野生動物重要棲息環境	沼澤及河口生態系	宜蘭縣蘇澳鎮功勞埔大坑罟小段、港口段港口小段、嶺腳小段之沼澤、海岸保安林地等及海岸地帶（退潮線外1公里以內）	1. 面積：101.6194公頃 2. 以宜蘭縣政府為地方主管／管理機關 3. 民國87年5月22日成立
臺東縣海端鄉新武呂溪野生動物重要棲息環境	溪流生態系	臺東縣海端鄉卑南溪上游新武呂溪初來橋起，至支流大崙溪的拉庫拉庫溫泉，另一支流霧鹿溪的利稻橋，以及另一支流武拉庫散溪5.5公里處	1. 面積：292公頃 2. 以臺東縣政府為地方主管／管理機關 3. 民國87年11月19日成立
馬祖列島野生動物重要棲息環境	島嶼生態系	劉泉礁、鐵尖、進嶼、三連嶼、蛇山、雙子礁、中島、白廟等全島陸域及其低潮線向海域延伸100公尺	1. 全域面積如下： (1) 陸域：11.9171公頃 (2) 海域：59.6995公頃 (3) 總計：71.6166公頃 2. 以連江縣政府為地方主管／管理機關 3. 民國88年12月24日成立
玉里野生動物重要棲息環境	森林生態系	國有林玉里事業區第32至37林班	1. 面積：11,414.58公頃 2. 以林務局為地方主管／管理機關 3. 民國89年1月27日成立
棲蘭野生動物重要棲息環境	森林生態系	國有林烏來事業區第54至71林班，大溪事業區第39、40、45至66、83、84、87至100、109至118、127至130、133林班，宜蘭事業區第74至77、81至84林班，太平山事業區第1至73林班	1. 面積：55,991.41公頃 2. 以林務局為地方主管／管理機關 3. 民國89年2月15日成立

（續）表2-8　野生動物重要棲息環境

棲息地名稱	類別	範圍	說明
丹大野生動物重要棲息環境	森林生態系	國有林林田山事業區第27、28、78至104、118至124林班，木瓜山事業區第48至54、70林班，丹大事業區第1至40林班，巒大事業區第135（第7、10、11、13小班除外）、第136至179、181至201林班，濁水溪事業區第15至17、19至21、25至27、30林班	1. 面積：109,952公頃 2. 以林務局為地方主管／管理機關 3. 民國89年2月15日成立
關山野生動物重要棲息環境	森林生態系	國有林關山事業區第13至24、28至44林班，延平事業區第24至31林班，秀姑巒事業區第40至44林班	1. 面積：69,077.72公頃 2. 以林務局為地方主管／管理機關 3. 民國89年2月15日成立
觀音海岸野生動物重要棲息環境	森林生態系	國有林和平事業區第91、92林班	1. 面積：519公頃 2. 以林務局為地方主管／管理機關 3. 民國89年10月19日成立
觀霧寬尾鳳蝶野生動物重要棲息環境	森林生態系	國有林大安溪事業區第49林班	1. 面積：23.5公頃 2. 以林務局為地方主管／管理機關 3. 民國89年10月19日成立
雪山坑溪野生動物重要棲息環境	森林生態系	國有林大安溪事業區第101、106林班	1. 面積：670.88公頃 2. 以林務局為地方主管／管理機關 3. 民國89年10月19日成立
瑞岩溪野生動物重要棲息環境	森林生態系	國有林埔里事業區第131至136林班	1. 面積：2,574公頃 2. 以林務局為地方主管／管理機關 3. 民國89年10月19日成立

（續）表2-8　野生動物重要棲息環境

棲息地名稱	類別	範圍	說明
鹿林山野生動物重要棲息環境	森林生態系	國有林玉山事業區第18至20林班	1. 面積：494.04公頃 2. 以林務局為地方主管／管理機關 3. 民國89年10月19日成立
浸水營野生動物重要棲息環境	森林生態系	國有林潮州事業區第16林班	1. 面積：1,119.28公頃 2. 以林務局為地方主管／管理機關 3. 民國89年10月19日成立
茶茶牙賴山野生動物重要棲息環境	森林生態系	國有林潮州事業區第28至30林班	1. 面積：2,004.40公頃 2. 以林務局為地方主管／管理機關 3. 民國89年10月19日成立
雙鬼湖野生動物重要棲息環境	森林生態系	國有林延平事業區第32至39林班，屏東事業區第18至31林班，荖濃溪事業區第4至21林班	1. 面積：47,723.75公頃 2. 以林務局為地方主管／管理機關 3. 民國89年10月19日成立
利嘉野生動物重要棲息環境	森林生態系	國有林臺東事業區第7、9、10林班	1. 面積：1,022.36公頃 2. 以林務局為地方主管／管理機關 3. 民國89年10月19日成立
海岸山脈野生動物重要棲息環境	森林生態系	國有林成功事業區第41、42、44林班，秀姑巒事業區第70、71林班	1. 面積：3,300.59公頃 2. 以林務局為地方主管／管理機關 3. 民國89年10月19日成立
水璉野生動物重要棲息環境	森林生態系	國有林林田山事業區第142林班	1. 面積：339.86公頃 2. 以林務局為地方主管／管理機關 3. 民國90年3月13日成立

（續）表2-8　野生動物重要棲息環境

棲息地名稱	類別	範圍	說明
塔山野生動物重要棲息環境	森林生態系	國有林阿里山事業區第22至25、27至29林班	1. 面積：696.38公頃 2. 以林務局為地方主管／管理機關 3. 民國90年5月17日成立
客雅溪口及香山溼地野生動物重要棲息環境	河口生態系及沼澤生態系	北含括客雅溪口（含金城湖附近），南至無名溝（竹苗交界），東起海岸線，西至最低潮線（不包含現有海山漁港、浸水垃圾掩埋場及客雅污水處理廠預定地）	1. 面積：1,600公頃 2. 以新竹市政府為地方主管／管理機關 3. 民國90年6月8日成立
臺南縣曾文溪口野生動物重要棲息環境	河口生態系及沼澤生態系	七股新舊海堤內之縣有地，北以舊堤堤頂線上為界定，南至河川水道治理計畫用地範圍線以內，東為與臺南師範學院預定地界址樁為界線，西為海堤區域線以內（含水防道路），含四號（原一號）、一號（原二號）及二號（原三號）水門	1. 面積：634.4344公頃 2. 以臺南縣政府為地方主管／管理機關 3. 民國91年10月14日成立
宜蘭縣雙連埤野生動物重要棲息環境	沼澤生態系、湖泊生態系、森林生態系	羅東林區管理處宜蘭事業區第43、47林班及大湖段雙連埤小段第1至80至24，114至135，137至140地號（134地號部分）	1. 面積：750公頃 2. 以宜蘭縣政府為地方主管／管理機關 3. 民國92年10月23日成立

資料來源：農委會林務局（2010）。

島嶼生態系是野生動物重要棲息環境的重要類別（揚智文化提供）

▶ 結語

　　臺灣四面環海，地處熱帶與亞熱帶交界區域，全島山巒橫亙，溪谷縱橫，海岸線更長達1,100公里，造就了湖泊、平原、盆地、丘陵、台地及山岳等地理景觀，如此豐富的地形、地貌也讓臺灣的運動休閒活動呈現多元化。由2008年中華民國國人旅遊狀況調查資料顯示，民眾主要因「觀光、休憩、渡假」目的旅遊者占79%、健身運動渡假占7.1%、生態旅遊則占2.9%，由此可知國人仍是偏好輕鬆自在的活動，然而隨著相關單位努力推廣運動休閒活動，未來民眾更有機會接觸到新的運動休閒型態，本章針對運動休閒資源概念做一介紹，並分析幾項重要的資源評估方法，進而針對我國運動休閒資源整理列表，期能給予讀者或是相關人員作為參考。

問題討論

一、運動休閒資源評估常用的方式有哪些？

二、遊憩機會序列包含哪三大類屬性？遊憩體驗是如何在人、活動以及環境三者間取得平衡？

三、我國觀光遊憩區共分成幾類？各類的觀光遊憩區由哪些機關負責？

四、2009年成立的台江國家公園主要保育資源為何？其與其他國家公園在特色上有何差別？

參考文獻

一、中文部分

王鑫（1997）。《地景保育》。臺北：明文。

李銘輝、郭建興（2000）。《觀光遊憩資源規劃》。臺北：揚智。

林晏州（1988）。〈觀光遊憩資源發展潛力評估架構之探討〉，《發展國民旅遊研討會報告》。交通部觀光局。

黃躍雯（2009）。《雪見地區生態旅遊相關業者之專業輔導及象鼻部落之培力計畫成果報告書》。中華民國國家公園學會。

交通部觀光局（2010）。統計資料，http://admin.taiwan.net.tw/indexc.asp，檢索日期：2010年3月22日。

二、外文部分

Clark, R. N. & Stankey, G. H. (1979). The recreation opportunity spectrum: A framework for planning, management, and research. *USDA Forest Service Research*, 76-98.

Coppock, J. T., Duffield, B. S., & Sewell D. (1974). Classification and analysis of recreation resources, in Patrick. L. (Ed.), *Recreational Geography*, 231-258, David & Charles Limited, London.

Stebbins, R. A. (2006b). *Serious Leisure: A Perspective for Our Time*. New Brunswick, NJ: Aldine / Transaction.

Stebbins, R. A. (2001). Serious leisure. *Society*, 38(4), 53-57.

Chapter 3
運動休閒產業資源

徐欽祥

單元摘要

本章旨在介紹運動休閒產業環境的形成，並瞭解運動休閒產業在全球經濟發展中所扮演的重要角色，同時介紹運動休閒產業的分類與特性，此有助於探討運動休閒產業的支出面、產出面、消費型態以及供需面上等的相關議題，最後則介紹北美以及臺灣運動休閒產業相關的資源，以提供讀者更多運動休閒產業的訊息。

學習目標

- 瞭解運動休閒產業的形成背景
- 瞭解運動休閒產業的分類及特性
- 對於政府、民間以及非營利組織等相關部門的運動休閒產業資源能有所認識

▶ 前言

　　當走進偌大的澄清湖棒球場，映入眼簾的是草坪上斗大的
"MLB TAIWAN GAMES 2010"圖案，球場坐滿了熱情的觀眾，場
邊身穿藍白色球衣的洛杉磯道奇（Los Angeles Dodgers）球員和中
華職棒明星隊隊員正準備熱身傳球，整個球場也比平常例行賽的轉
播多了好幾部電視轉播攝影機，贊助廠商的廣告看板讓視野新鮮了
起來，身穿"Kuo"、"Hu"、"Ramirez"球衣的觀眾興奮地四處
走動著，販賣餐點的工讀生亦在人群中移動。由於相關工作人員的
配合讓比賽順利進行，賽後躋身於球場販賣部購買了道奇隊限量版
的加油棒和一支比臉還要大的道奇扇子，然後心滿意足地回家。

運動休閒激發了相關產業的蓬勃發展（徐欽祥提供）

　　雖然這只是一場熱身賽，但若少了表演者、傳遞流通人員、產品服務等，亦不可能產生最終消費者，澄清湖棒球場終究只是一棟建築物而已。將運動休閒當作觸媒藉以激發運動休閒產業蓬勃發展的方式是全球運動產業發展的趨勢，本章即針對運動休閒產業、分類以及其相關的資源做一探討。

▶ 第一節　運動休閒產業概述

　　運動休閒自古以來不僅是人類生活的一部分，更是整個市場結構的重要元素。隨著休閒方式的改變與自由時間的增加，運動休閒產業的市場對全球經濟的重要性也愈形重要。運動休閒產業主要由運動休閒商品的產出、相關服務的傳遞及經營管理所構成，範疇不僅包括運動休閒活動、觀光娛樂、賽會表演、諮詢培訓和運動經紀等行業，而且也包括上述運動休閒相關商品的生產與經營等。本節敘述運動休閒產業的意涵、分類及特性。

一、運動休閒產業的意涵

　　運動休閒產業是全球經濟發展中重要的新興產業之一，其多元化的發展已使之成為21世紀的明星產業，影響力不僅擴及社會和文化層面，同時對教育、政治等領域亦產生緊密的關聯。運動休閒產業值不值得探討一直都是學者們討論的焦點。馬惠娣（2004）曾對要不要強化休閒產業提出正反的意見，指出有學者一方面認為休閒是人的心理體驗，如果透過休閒產業來引導，會使人在休閒消費中發生異化，所以不應該由商家或產業來引導，不應讓休閒發展打

上「經濟」的烙印，所以不要強化休閒產業；另一方面認為，休閒的發展需要經濟實體，這些經濟實體實質上是產業，為了發展的需要，應該提出休閒產業，透過強化休閒產業來促進休閒發展。無論如何，運動休閒產業的存在有其基本作用。

綜觀相關文獻，「休閒產業」以及「運動休閒產業」皆是常用的概念，同時也容易造成讀者的混淆。例如，吳松齡（2003）將「休閒產業」定義為個人休閒活動提供者、規劃者、經營者、管理者與參與休閒活動者，共同構成整個休閒產業；一般而言，提供休閒活動的組織、機構與企業稱之為休閒產業。林房儹（2004）則定義「運動休閒產業」為可提供消費者參與或觀賞運動的機會及可提升運動技術的產品，或為可促進運動推展的支援性服務，和可同時促進身心健康的身體性休閒活動之市場；此外，行政院經濟建設委員會2004年12月所發布的「觀光及運動休閒服務業發展綱領及行動方案」則概分為「觀光產業」及「運動休閒服務業」兩部分，其中，運動休閒服務業包括運動用品批發零售業、體育表演業、運動比賽業、競技及休閒體育場館業、運動訓練業、登山嚮導業、高爾夫球場業、運動傳播媒體業、運動管理顧問業等細項（行政院經濟建設委員會，2004）。綜合上述定義可知，「休閒產業」和「運動休閒產業」兩者相同之點在於提供各式各樣的休閒活動產品，並透過提供產品服務方式傳遞給有不同需求及期望的既有消費者或潛在消費者。有鑒於目前休閒活動的多樣化，在綜合上述「休閒產業」與「運動休閒產業」兩者的意涵後，本章統一以「運動休閒產業」一詞來敘述其相關概念，並將運動休閒產業定義為「提供消費者多元化運動和休閒相關產品或服務的一個市場，藉以滿足消費者的需求和期望，從而獲取商業利益以維持該產業的成長，並重視消費者權益。」

　　由於自由時間和休閒型態的變化，人們開始重視感覺、感性、感受與感動的體驗，運動休閒服務逐漸從標準化和轉向個性化服務，隨著多元化趨勢的演進，運動休閒產業亦隨著此趨勢而興盛。根據2006年中華民國體育白皮書的資料顯示，2005年臺灣地區運動產業中民間消費端產值約為新台幣619.01億元，進一步以國內運動生產毛額的概念來推估整體運動總產值為新台幣660.57億元，若對照臺灣地區2005年GDP新台幣11兆1,467億元，可知臺灣地區2005年運動產業產值占全國GDP之比值為0.59%（行政院體育委員會，2006）。此外，以素有「運動王國」稱號的美國為例，根據產業研究機構Plunkett Research估計，2006年美國最受歡迎的四大職業運動——國家足球聯盟（NFL）、國家籃球聯盟（NBA）、國家冰上曲棍球聯盟（NHL）及職棒大聯盟（MLB）的門票收入合計約達

運動休閒產業透過一群類似事業的組織，聚集在一起運作
（徐欽祥提供）

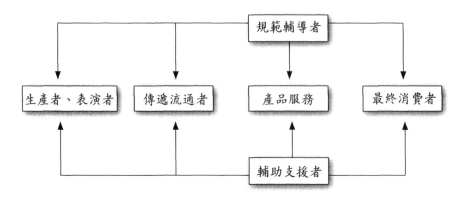

圖3-1 運動休閒產業的基本結構

資料來源：高俊雄（2004）。

164億美元，運動設備零售總額達400億美元，運動服飾及運動鞋販售總額約為750億美元，加上其他如運動健身、傳播、管理顧問及行銷等，整體運動休閒產業約創造4,000至4,250億美元產值，提供就業機會達一百四十萬個（經建會部門計劃處，2007）。如此龐大的多方效益其實是基植於運動休閒組織內各事業體的相互支援和依賴，並透過產業彼此間的緊密關連以提供消費者所需，進而創造出巨大的經濟效益；換言之，相關事業的組織和多樣產業的聚集型塑了運動休閒產業的規模，高俊雄（2004）亦提出運動休閒產業基本結構，其觀點如**圖3-1**所示。

由**圖3-1**運動休閒產業基本結構可知，產業的形成乃是當中有人從事生產和進行表演，並透過適當的管道將服務和產品傳遞流通，最後讓消費者使用；這一群類似事業組織聚集在一起運作的時候，則需要產生相關的規範來維持秩序，同時利用輔助支援組織來維持產業運作順利。對應到本章的前言事例，道奇隊和中華職棒明星隊球員即是表演者，美國職棒大聯盟、美國職棒大聯盟球員工會

及主辦單位悍創行銷公司則扮演了傳遞流通者的角色，敲定行程、規則及票價等事宜，而後則產生售票、簽名會、比賽、轉播、紀念品、周邊餐飲等相關的產品及服務，體育委員會、中華棒球協會、中華職棒大聯盟可視為輔助支援組織，透過各方的協調與配合使得比賽順利進行，另一方面也呈現出運動休閒產業基本架構的運作過程。

二、運動休閒產業的分類

隨著運動休閒需求的增加以及市場全球化的趨勢，消費型態亦隨之變化，進而促使運動休閒產業的多元發展，這也說明了運動休閒產業本身為一種複合體的概念，其牽涉層面甚廣。曾千豪（2002）曾依我國工商服務業的標準分類，擬定「休閒產業之行業分類」，其中包括娛樂業、旅館業、旅行社、餐飲業、零售業、交通運輸服務業、媒體與出版業及其他等八類，如**表3-1**所示。

由上述分類可知，「休閒產業」在針對「運動」區塊上呈現出較少的關聯性，為了使本書所論及的「運動休閒產業」更加完整，有必要針對「運動產業」做一介紹。鄭志富（2002）針對運動產業做的分類方式中，將運動產業劃分為「核心運動產業」和「周邊運動產業」兩個大面向，其概念可以**圖3-2**來呈現。

由**圖3-2**可知，運動核心產業為運動行為發生的基礎產業，這些核心產業在供給面上扮演了重要的角色，如2009年我國承辦的臺北聽障奧運會以及高雄世運會的性質可歸納為核心運動產業；透過賽會的舉辦，運動行為才得以產生，周邊運動產業群也因為運動核心產業的刺激而有機會活絡起來，換言之，核心運動產業與周邊運動產業群乃是相輔相成的，兩個群集的緊密配合帶動了經濟價值活動。

表3-1　休閒產業的行業分類

休閒產業行業別	我國標準行業別	內容與定義
娛樂業	娛樂業、藝文業、電影事業	凡從事運動場、綜合遊樂園、視聽及視唱中心、電影事業、藝文事業以及其他娛樂場所等經營之行業均屬之
旅館業	旅館業	凡經營公眾歇宿之旅館、客棧，以及其他寄宿而非特定型式契約之場所等行業均屬之。旅館附屬之餐飲部門亦歸入本類
旅行社	運輸服務業——旅行社	凡受託從事海、陸、空客運業務之代理、旅行票證代售、行李託運、旅行手續代辦、旅遊食宿安排、觀光導遊，以及其他旅行相關服務之行業均屬之
餐飲業	餐飲業	凡從事中西各式餐點、飲料供應之餐廳、飯館、食堂、小吃店、茶室、咖啡室、冰果店、飲食攤等，點叫後立即在現場飲用或食用之行業均屬之
零售業	零售業	凡從事以零售商品為主要業務之公司行號，如百貨公司、零售店、攤販、加油站、消費合作社等均屬之
交通運輸服務業	運輸業、運輸服務業	凡從事水、陸、空客貨運輸之行業，並包括其他旅運設施經營等之行業均屬之
媒體與出版業	廣告業、出版業、廣播電視業	凡從事廣告、出版社、廣播電視相關之行業均屬之
其他	其他個人服務業	凡其他未列出且具有提供休閒遊憩服務之相關行業（如美容、塑身等）亦歸入本細類

資料來源：行政院主計處（2006）、曾千豪（2002）。

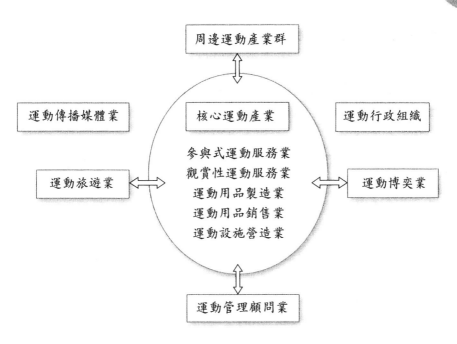

圖3-2　核心與周邊運動產業群

資料來源：鄭志富（2002）。

　　回歸到「運動休閒產業」時，無論是從休閒產業觀點還是運動產業觀點出發，其產品的性質以及核心價值皆有助於我們在探討運動休閒產業的支出面、產出面、消費型態以及供需面上等相關的議題時有所助益；換句話說，從運動休閒產業的整體觀來論之，實則說明了運動休閒產業經濟活動表現在生產、分配、交換和消費各系統中的面貌與過程，而這些過程與環節卻也是相互作用和制約，進而形成綜合體。這樣的觀點也呼應了Kraus、Barber和Shapiro（2001）的看法，他們認為休閒產業服務要成為系統可從三個部分來看：(1) 所有成員連結在一起工作的主要目的，是為了提供民眾對休閒活動的需要；(2) 系統中不同的元素互相合作，是為了提升組織

的競爭力，並使得消費的人數增加；(3) 組織中不同部門形成緊密的
夥伴關係。

三、運動休閒產業的特性

一般而言，運動休閒產業強調多著眼參與性與觀賞性，並透過
服務性來傳遞相關的產品。張宮熊、林鉦棽（2002）指出，服務乃
指一個組織提供另一群體的任何活動或利益，本質上是無形的且無
法產生事物的所有權，而休閒產業本身為服務業的一種，因此也有
服務業本身所擁有的特性。基於此特性，周明智（2003）亦指出運
動休閒服務特點：

1. 不可觸知性（intangibility）：因無法事先接觸產品，所以休
   閒產業主要在銷售回憶（memory），故選擇服務前是無法
   嘗試或接觸到產品所提供的服務。如民宿的服務、主題樂園
   中的遊憩體驗。
2. 異質性（heterogeneity）：休閒產業受個人差異與人性因素
   影響，且服務品質較其他產業更無法預估與控制，因此要如
   何掌握產品品質之穩定性與一致性，這是休閒產業成功是否
   的關鍵。例如：導遊人員對遊憩活動的解說內容。
3. 易腐性（perishability）：休閒產業銷售的空間與服務均無法
   儲存，尤其淡旺季需求差異特別明顯，故休閒產業之業者要
   如何將此種損失降至最低，對休閒產業是一大課題。如泛舟
   水上活動、臺東金針花季、屏東風鈴季、賞楓之旅等時令活
   動。
4. 不可分離性（inseparability）：休閒產業的經營特性為強調

核心運動產業與周邊運動產業群乃是相輔相成的（徐欽祥提供）

生產與消費同時發生，生產者與消費者對服務品質有不同的解讀，因此會互相影響而不能分離。如參觀動植物的生態旅遊、享受餐廳服務。

5. 容易被複製或模仿（ease of duplicating service）：休閒產業對產品服務與空間設計，大都很難取得專利，加上休閒產業幾乎是一窩蜂的跟進，故很少業者願意開創新的觀念。

基於上述特性，運動休閒產業愈來愈強調服務品質與顧客滿意度的提升，例如近年來引發較多爭議的運動健康俱樂部會員制度，或是民宿業者品質參差不均等相關議題，都引發了民眾的關注。另一方面，愈來愈多業者投入運動休閒產業後，高度的競爭壓力也使得產業採取策略脫離紅海，期望透過「創意」和「差異」來建構新

愈來愈多的運動休閒產業嘗試以女性觀點出發來設計（徐
欽祥提供）

的藍海，這樣的趨勢也帶動了更多以「深度體驗」和「感性導向」
為訴求的經濟活動，情感、體驗、故事、娛樂和傳奇漸漸成為主要
的訴求價值。如愈來愈多的運動休閒產業，諸如單車業、運動用品
業、民宿旅店等，不僅嘗試從女性觀點出發來設計，同時也設立了
女性專區，提供不同以往的消費體驗。

第二節　運動休閒產業資源

　　由前文的論述中可知，運動休閒產業的內容十分廣泛，各種以
運動休閒為導向的產品與服務，透過適當的組織傳遞給包括企業組

織與個人在內的消費者，進而建構出整個運動休閒產業體系。一般而言，休閒服務傳遞系統涵蓋了休閒、遊憩、體育、公園及以家庭為中心的活動等種類，亦即公、私、第三部門皆在運動休閒產業中扮演了重要的角色；在整個運動休閒產業推動的過程中，公部門扮演建立市場機制及積極輔導的監督者，進而結合民間產業與非營利團體組織的力量，以共同促進運動休閒產業發展。由此觀之，無論是個人休閒活動提供者、規劃者、經營者、管理者與參與休閒活動者，都必須對運動休閒產業相關的資源有所認知，如此方能整合所有的資源以創造運動休閒機會，並使消費者得到更佳的運動休閒效益和體驗。值得注意的是，此處論及的運動休閒產業資源非指景觀上、自然生態上的運動休閒資源系統，而是指分屬政府部門、私人機構和非營利組織的運動休閒產業相關機構、組織、協會、地點、網站或是產品。

一、美國運動休閒產業資源

論及運動休閒的專業組織，不可不談素有「運動王國」的美國，除了因四大職業運動受到民眾熱愛而帶動的相關企業和組織之外，休閒、公園或是遊憩相關機構或是單位在運動休閒的發展歷程中也具有相當長久的歷史。劉鋒、施祖麟（2002）按財政來源和管理方式區分，將美國休閒服務組織分為政府部門、商業機構和非營利組織三大類摘述如下。

(一) 政府休閒服務管理組織

美國大多數聯邦土地管理機構都已漸漸介入到了戶外遊憩活動之中，比如國家公園管理局、美國森林服務局和田納西河流域管理

局。美國國家公園管理局（The National Park Service）下轄的3,000萬英畝土地已成為具有國家歷史、文化、自然和遊憩意義的戶外活動地區。其他聯邦機構也有許多間接與遊憩和休閒有關的活動，因為它們涉及到老年人、弱智、運輸、商業和藝術等相關課題。與休閒遊憩最直接相關的機構是內務部下屬的遺產保護和遊憩管理局，它在聯邦、州和地方政府參與公共戶外娛樂的規劃和協調中起著重要作用，而每個州都設有以戶外遊憩為首要職責的專門機構。

(二) 商業機構

從全球來看，在各類有關休閒的機構中，商業性休閒機構數目是最多的，某種程度上，電視和其他大眾傳媒、旅行和旅遊業、主題公園、專業化和商業化的體育設施以及其他許多商業企業占據了人們絕 大部分休閒時間。

(三) 非營利組織

許多私人非營利組織主要向青少年提供休閒服務，其中許多都與「性格培養」有關係。另一類專門為顧客提供服務的休閒組織是職員娛樂組織，它們一般向大中型公司的職員提供娛樂和休閒服務。這些非營利組織是政府行為的一種補充。非營利組織經常利用大量的志願者和受過培訓的專業人員開展廣泛的活動。

由於美國相關運動休閒組織眾多，本文僅列出美加地區與休閒、公園、遊憩服務以及特殊休閒有關的專業組織資料供讀者參考；這些組織含括上述三大分類，其不僅提供專業服務，同時也透過組織資源來向社會大眾傳達其所提供服務的價值，其相關重要組織節錄如**表3-2**所示。

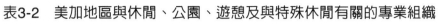

表3-2 美加地區與休閒、公園、遊憩及與特殊休閒有關的專業組織

組織名稱	中文名稱	網址
ALS(Academy of Leisure Sciences)	休閒科學學院	www.academyofleisuresciences.org
AAPHERD(American Alliance for Health, Physical Education, Recreation and Dance)	美國體育、休閒和舞蹈聯合會	www.aahperd.org
AAPRA(American Academy for Park and Recreation Administration)	美國公園與休閒行政學院	www.aapra.org
ACA(American Camping Association)	美國露營協會	www.acacamps.org/
ACUI(Association of College Unions International)	國際大學聯盟協會	www.acui.org
AEE(Association for Experiential Education)	體驗教育協會	www.aee.org
ATRA(American Therapeutic Recreation Association)	美國治療休閒協會	www.atra-tr.org
CALS(Canadian Association for Leisure Studies)	加拿大休閒研究協會	www.cals.uwaterloo.ca
CPRA(Canadian Parks and Recreation Association)	加拿大公園與休閒協會	www.cpra.ca

（續）表3-2　美加地區與休閒、公園、遊憩及與特殊休閒有關的專業
組織

組織名稱	中文名稱	網址
ESM(Employee Services Management Association)	員工管理協會	www.esmassn.org
GORP(Resource for Outdoor Recreation)	戶外遊憩資源	www.gorp.com
IAAM(International Association of Assembly Managers)	國際會議經理協會	www.iaam.org
IFEA(International Festival and Events Association)	國際節慶和活動協會	www.ifea.com
JOEC(Joy Outdoor Education Center)	歡樂戶外教育中心	www.joec.org
NASPE(National Association for Sport and Physical Education)	全國運動與體育協會	www.aahperd.org/naspe
NASSM(North American Society for Sport Management)	北美運動管理協會	www.nassm.com
NIRSA(National Intramural-Recreational Sports Association)	全國校園休閒運動協會	www.nirsa.org
National Outdoor Leadership School	美國戶外領導學校	www.nols.edu
NRPA(National Recreation and Park Association)	全國休閒與公園協會	www.nrpa.org

（續）表3-2 美加地區與休閒、公園、遊憩及與特殊休閒有關的專業組織

組織名稱	中文名稱	網址
NSCD(National Sports Center for the Disabled)	國家身心障礙運動中心	www.nscd.org
Outward Bound School	外展學校	www.outwardbound.org
RCRA(Resort and Commercial Recreation Association)	休閒渡假中心和商業性休閒協會	www.rcra.org
SRANI(Special Recreation Association Network of Illinois)	伊利諾州特殊休閒協會網絡	www.specialrecreation.org
TIA(Travel Industry Association)	美國旅遊產業協會	www.tia.org
TTRA(Travel and Tourism Research Association)	旅遊和觀光研究協會	www.ttra.com
WEA(Wilderness Education Association)	野外教育協會	www.weainfo.org
WLRA(World Leisure and Recreation Association)	世界休閒與遊憩協會	www.worldleisure.org

資料來源：研究者自行整理。

二、臺灣運動休閒產業資源

　　運動休閒產業的價值不僅是其相關產品與服務所帶來的貢獻，同時也是整個社會資源共同合作的創造過程；近年來，政府相關單位在推動運動休閒產業上不遺餘力，如行政院體委會2009至2012年度中程施政計畫中提出幾項重點，包括改善國民運動環境、整合資源規劃發展運動產業、建構區域運動設施網計畫、全國自行車道系統計畫，以及積極爭取主辦國際運動賽會推動運動產業發展；不僅如此，交通部觀光局2010年施政重點更聚焦於推動「觀光拔尖領航方案」，並透過分級整建具代表性之重要觀光景點遊憩服務設施、

整合所有的資源，創造運動休閒機會，為未來運動休閒發展的重要課題（徐欽祥提供）

東部自行車路網示範計畫、推出樂活行程以及大型國際自行車賽事等政策，發展國際觀光並提升國內旅遊品質。然而，這些政策仍需結合民間、企業，以及非營利組織等相關部門的資源才得以達成目標，因此，本文繼之探討臺灣運動休閒產業相關資源。

(一) 國內體育團體

　　行政院體育委員會體育團體評鑑報告書（2001）將國內體育團體依照服務內容分為四大類：體育學術類、體育綜合類、競技運動類及全民運動類。（如**表3-3**）

　　除上述實際提供運動服務之四大類型運動組織外，有些運動組織則以非營利組織的形式呈現，並以謀求全體社會非經濟性之公共利益或社會大眾之公共利益為宗旨，例如行政院體育委員會、教育部體育司、教育部中部辦公室、各縣市政府教育局體健課、中華奧

表3-3　國內體育團體列表

組別	體育團體	備註
第一組 體育學術及綜合類團體	中華民國體育學會、臺灣體育運動管理學會、台灣運動心理學會、中華奧林匹克委員會、中華民國體育運動總會、中華民國大專院校體育總會、中華民國高級中等學校體育總會	七個，體育學術類三個、綜合類四個
第二組 競技運動類團體 A組	中華民國棒球協會、中華民國高爾夫協會、中華民國網球協會、中華民國桌球協會、中華民國壘球協會、中華民國足球協會、中華民國排球協會、中華民國橄欖球協會、中華民國籃球協會、中華民國手球協會、中華民國田徑協會、中華民國游泳協會、中華民國體操協會、中華民國跆拳道協會	十四個

（續）表3-3　國內體育團體列表

組別	體育團體	備註
第三組 競技運動類團體 B組	中華民國羽球協會、中華民國撞球協會、中華民國曲棍球協會、中華民國保齡球協會、中華民國射擊協會、中華民國射箭協會、中華民國輕艇協會、中華民國划船協會、中華民國自由車協會、中華民國擊劍協會、中華民國空手道協會、中華民國舉重協會	十二個
第四組 競技運動類團體 C組	中華民國軟式網球協會、中華民國雪橇雪車協會、中華民國滑雪滑草協會、中華民國滑冰協會、中華民國壁球協會、中華民國帆船協會、中華民國馬術協會、中華民國拳擊協會、中華民國角力協會、中華民國國術協會、中華民國現代五項暨冬季兩項運動協會、中華民國鐵人三項運動協會、中華民國健美協會	十三個
第五組 全民運動類團體 （有國際組織）	中華民國殘障體育運動總會、中華民國太極拳總會、中華民國木球協會、中華民國拔河運動協會、中華民國社區體育運動協會、中華民國飛盤協會、中華民國健行登山會、中華民國智障者體育運動協會、中華民國越野追蹤協會、中華民國路跑協會、中華民國槌球協會、中華民國聽障者體育運動協會、中華民國山岳協會、中華民國水上救生協會、中華民國十字弓協會、中華民國合氣道協會、中華民國合球協會、中華民國迷你高爾夫球協會、中華民國健力協會、中華民國滑水協會、中華民國溜冰協會	二十一個

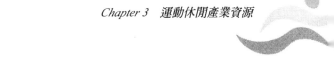

（續）表3-3　國內體育團體列表

組別	體育團體	備註
第六組 全民運動類團體 （無國際組織）	中華民國土風舞協會、中華民國休閒協會、中華民國全民羽球發展協會、中華民國直排輪運動協會、中華民國社區健康生活與運動協會、中華民國長青槌球協會、中華民國越野吉普車運動協會、中華民國慢速壘球協會、中華民國漆彈運動協會、中華民國衝浪協會、中華民國海浪救生協會、中華民國高爾夫球場協會	十二個

資料來源：行政院體育委員會（2001）。

林匹克委員會、各級公立體育場、全國性與地方性體育團體等非營利運動組織，這些非營利運動組織面對的是多重目標市場，同時必須接受大眾的監督，其肩負的責任和上述四類運動組織相較則重大許多。

(二) 國內休閒、觀光、遊憩相關團體與組織

　　除了上列體育組織之外，國內休閒、觀光與遊憩相關的組織和機構對於運動休閒產業群聚也發揮影響力，不僅將相關休閒運動推廣給大眾，同時也建立多樣社群彼此交流的空間。有鑒於國內休閒、觀光、遊憩相關團體與組織眾多，而不一一臚列，僅列出一些在相關領域的重要團體與組織，供讀者參考，見**表3-4**。

表3-4 臺灣休閒、觀光與遊憩重要組織和機構

團體和組織名稱	網址
中華民國戶外遊憩學會	www.recreation.org.tw
中華民國永續生態旅遊協會	www.ecotour.org.tw
中華民國全民休閒協會	all-recreation.myweb.hinet.net/
中華民國自然生態保育協會	www.swan.org.tw
中華民國自然步道協會	naturet.ngo.org.tw
中華民國海洋運動推廣協會	tmsa-tw.org.tw/index.php
中華民國國家公園學會	www.cnps.org.tw/main
中華綠生活休閒發展協會	www.g-life.org.tw/indexcs.php
世界休閒協會臺灣分會	www.worldleisure.org.tw
臺灣公園綠地協會	www.parkspace.org.tw/index.htm
臺灣外展教育基金會	obt.myweb.hinet.net
臺灣休閒旅館協會	www.rma-taiwan.com.tw
臺灣休閒農業發展協會	www.taiwan-farming.org.tw
臺灣休閒與遊憩學會	www.leisure.org.tw
臺灣觀光協會	www.tva.org.tw
交通部觀光局	www.taiwan.net.tw
行政院農委會林務局	trail.forest.gov.tw/index.aspx

資料來源：作者自行整理。

結語

　　運動休閒產業屬於一種社會經濟現象，更是全球經濟發展的動力之一，然而推動一項產業並不容易，尤其運動休閒產業更涉及了多層面的議題，在消費者習慣不易預測、科技與知識飛快發展，以及社會資源消長的今日，國內運動休閒相關產業實需徹底瞭解產業和大環境的特性與內容，並針對全球運動休閒潮流做分析，輔以國外的經驗和我國運動休閒產業的特點，如此才有機會創造出最大的經濟價值。另一方面，新興運動休閒活動的興起也創造了許多不同的產業群，同時也讓其他的運動休閒產業式微，政府相關單位應與相關學術單位及民間組織合作，建構產官學研究成果的交換平台，以利產業訊息之傳播，同時藉此將資源做更有效率的配置，未來運動休閒產業若要朝多元和永續的方向發展，唯有賴公、私、第三部門間充分溝通協調，才能有效整合。

問題討論

一、請敘述您在參與一項觀賞性運動賽會的過程中,其服務和產品的傳遞有哪些方式?

二、請敘述運動休閒產業基本結構,並試舉一例說明。

三、請敘述運動產業的核心與周邊群,並試舉一例說明。

四、請敘述運動休閒產業特性,並說明近年來有哪些商業模式或是行銷策略應用於此產業中。

參考文獻

一、中文部分

交通部觀光局（2010）。「觀光拔尖領航方案」。http://admin.taiwan.net.tw/auser/b/觀光拔尖領航方案980811.pdf，檢索日期：2010年3月14日。

行政院經濟建設委員會（2004）。觀光及運動休閒服務業發展綱領及行動方案（93.11至97.03）。http://www.cepd.gov.tw/m1.aspx?sNo=0013245，檢索日期：2010年3月14日。

行政院體育委員會（2009）。行政院體育委員會中程施政計畫（民國98至101年度）。http://www.sac.gov.tw/News/NewsDetail.aspx?wmid=345&typeid=4&No=1117，檢索日期：2010年3月14日。

行政院體育委員會（2006）。《中華民國體育白皮書——2006年版撰述計畫》。臺北：國立臺灣大學體育室。

行政院體育委員會（2001）。《行政院體委會九十年體育團體評鑑報告書》。行政院體委員會。

行政院主計處（2006）。「中華民國行業標準分類」。http://www.stat.gov.tw/ct.asp?xItem=13759&ctNode=1309，檢索日期：2010年3月14日。

吳松齡（2003）。《休閒產業經營管理》。臺北：揚智。

周明智（2003）。《餐館與旅館投資經營》。臺北：華泰。

林房儹（2004）。「我國運動休閒產業發展策略之研究」。臺北：行政院體育委員會研究計畫。

馬惠娣（2004）。《休閒：人類美麗的精神家園》。北京：中國經濟出版社。

高俊雄（2004）。《運動休閒事業管理——理論與實務》。臺北：體育運動管理學會。

高俊雄（1996）。〈休閒概念面面觀〉，《國立體育學院論叢》。第6卷，第1期，頁69-78。

張宮熊、林鉦棽（2002）。《休閒事業概論》。臺北：揚智。

曾千豪（2002）。《休閒產業與發卡銀行策略聯盟績效之研究》。臺中：朝陽科技大學休閒事業管理研究所碩士論文。

經建會部門計劃處（2007）。「美日運動休閒產業發展概況及對我國的啟示」。http://www.cepd.gov.tw/m1.aspx?sNo=0009556，檢索日期：2010年3月14日。

劉鋒、施祖麟（2002）。〈休閒經濟的發展及組織管理研究〉，《中國發展》。第2期，頁51-53。

鄭志富（2002）。〈二十一世紀臺灣運動產業之發展與挑戰〉，第二屆中華民國運動與休閒管理國際學術研討會。臺北：國立臺灣師範大學。

二、外文部分

Kraus, R., Barber, E., & Shapiro, I. (2001). *Introduction to Leisure Service: Career Perspective*. Illinois: Sagamore Publishing.

Chapter 4
運動觀光的規劃與發展

徐欽祥

單元摘要

本章首要透過運動觀光相關概念的界定來探討運動觀光產業,並透過運動與觀光兩者之間的關聯來探討現今運動觀光產業之間的互利與共生的關係;其次,針對運動觀光的類型以及運動觀光的規劃加以敘述;最後則針對未來的發展提出建議。

學習目標

■ 瞭解運動觀光的相關概念
■ 對於運動觀光的類型、規劃有一基本概念
■ 對於運動觀光未來的發展有所瞭解,掌握日後運動觀光的脈動

▷ 前言

　　試著想像一下，正當北半球籠罩在寒冷的天氣時，您來到溫暖的南半球，並在素有「活地理教室」之稱的紐西蘭停留，在遊客中心裡頭，您看到了五花八門的套裝旅遊行程介紹手冊，不管是刺激的高空彈跳、激流泛舟、搭噴射遊艇、高空跳傘，或是較為悠閒的騎馬、健行等戶外活動都令人想試試，您也打聽到有著戶外運動愛好者天堂之稱的皇后鎮（Queenstown）是從事各項運動的最佳地點，於是您來到了皇后鎮，並且訝異於一個小小的鎮為何可以吸引這麼多觀光客，尤其以年輕人居多。您依偎於瓦卡蒂普湖（Lake

運動觀光過去二十年來被認為是觀光產業中最具成長性的部分

（徐欽祥提供）

Wakatipu）岸邊，留連於壯麗的卓越山脈（Remarkables Range）山腳下；隔天，您決定鼓起勇氣參加高空跳傘行程，當飛機艙門打開的那剎，您從9,000英呎高空一躍而下，在您驚呼尖叫的同時，也看見了最美麗的皇后鎮。

從世界旅遊市場結構來觀察，隨著觀光消費者的需求改變，愈來愈多樣的觀光型態也孕育而生，不論是文化觀光、生態觀光或是宗教觀光等，如此多元的發展改寫了傳統觀光的定義。Hinch和Higham（2001）曾指出，運動觀光過去二十年來，已被認為是觀光產業中最具成長性的部分。隨著我國承辦國際大型運動賽事能力的提升，間接也吸引了不少觀光客，如高雄市政府委託高雄應用科技大學對世運博覽會進行統計分析，十二天的活動湧入124.9萬人次，平均每人消費額為1,406元，創造17.5億元收益 （《自由時報》，2009）。另一方面，臺灣四面環海，海岸線長達1,566公里，多樣的海岸景觀也使得相關單位積極推動水域遊憩活動以吸引更多觀光客（交通部觀光局，2003）。然而，運動和觀光為何能夠結合？又運動觀光該如何規劃及其未來發展如何？都是本章探討的範圍。

第一節　運動觀光產業概述

一、運動觀光相關概念的界定

運動在人類社會發展的過程中所扮演的角色原本是人們選擇休閒的一個重要的方式之一，其強調有規則的身體活動以及參與方式的制度化；然而，隨著運動參與者需求的改變，運動已從單純工作後的放鬆，慢慢演進成結合大量消費行為的觀光旅遊活動，這樣的

趨勢亦形成了運動觀光產業的根基。有鑒於運動觀光的蓬勃發展，在探討運動與觀光的關係之前，實有必要針對運動觀光相關名詞的定義做一辨析，畢竟定義是揭示概念內涵的方法，如果概念不明確，就容易把一些相鄰接的事物或現象混為一談。

(一) 體育

或許您也有過這樣的經驗，學生時代的您喜歡體育，但不喜歡上體育課，實際上是您真的喜歡sport，只是不喜歡physical education，這樣有趣的現象至今仍普遍存在著。從「體育」一詞產生和發展的歷史來看，與教育實有密不可分的關係，所謂身體的教育（physical education）乃是最初的「體育」概念，為西方引入時的基本定義，亦是學校的一門課程和教育的組成部分。換句話說，體即是指身體和體能，育則為教育。誠如翁志成（1999）所指出，體育就是身體的教育。Gill、Gross和Huddleston（1983）更明確地指出，體育本質是利用身體活動來達成教育的目的，其功能有許多種類，例如滿足運動欲望、建立人際關係、學習運動技巧、體驗獲勝經驗、強健體魄、紓解壓力等，因此對培養國民終身運動的習慣而言，體育教學占重要地位。

對照於運動的定義，人們從事「運動」偏向透過閒暇來進行，同時這段時間屬於人們自由支配的時間，由此定義觀之，運動的概念不如體育般強調「教育」。然而，運動和體育兩者仍易為大眾所混淆，劉進枰（2007）也提出類似的觀點，其認為定義「體育」和「運動」時，有如下五個困難點：

1. 「**概念性名詞**」難以**精確界**定：「體育」和「運動」都是概念性名詞，非操作型定義，界限難免有所不明或遺漏。

2. 外文的翻譯中文沒有精確的對應用語：「體育」和「運動」並不能完全契合外文的原意，翻譯上的缺失，妨礙了定義的明確性。

3. 學界和民眾的認知不同：民眾是將「體育」和「運動」混淆使用，而且是以身體活動的外在特徵為認定標準，和學界大有不同，使得學界的定義功能不彰。

4. 心理狀態成為定義「體育」與否的判準：「體育」和「運動」定義與是否具教育性，和是否為勞動有關，然而這些判準都與個別的心理狀態為依歸，有時難以用單純的外在條件來判斷。

5. 「體育」的定義如果窄化了它的範圍，將限定它的學術研究領域：此指「體育」如果只是「目的化的身體活動」，那麼它的學術研究領域將只及於教育的領域。

由上述可知，運動常被用來作為體育的手段，透過運動以達成身體的教育。

(二) 身體活動

相較體育的教育功能，身體活動（physical activity）較強調發生特定文化環境下的一種行為，賈凡（2007）指出，身體活動的定義為由骨骼肌收縮產生的身體活動，其可以在基礎代謝（BMR）的水準上，增加能量消耗。身體活動可以有多種分類方法，包括以形式、強度和目的分類的方法。普遍的分類包括職業的、家庭的、休閒的或者交通的。休閒時間的身體活動可以進一步再分類，如比賽的體育專案、娛樂活動（如徒步、旅行、騎腳踏車）和體育鍛鍊（exercise training）。

(三) 身體鍛鍊

　　所謂身體鍛鍊（physical exercise）是以發展身體、增進健康、增強體質、調節精神和豐富文化生活為目的的身體活動，是人類的一種積極活動，由此所產生的身體健康和運動快樂都是主觀幸福感的重要內容（相振偉、郭愛民，2007）。換言之，人們在複雜多變的社會環境中，常常會產生緊張或是壓抑等不良情緒反應，透過身體鍛鍊則能夠調節情緒，因為身體鍛鍊讓參與者體驗到運動帶來的愉快感覺；另一方面，投入自己喜愛和擅長的身體鍛鍊中，可以使人從中得到流暢感，從而產生良好的情緒狀態。這樣的體驗也符應了Maslow所描述的高峰經驗，其指出高峰經驗是「高度幸福與滿足的時刻」，身體鍛鍊亦是達成高峰經驗的方法之一。

身體鍛鍊對主觀幸福感的影響，促使人類積極參與活動
（徐欽祥提供）

二、運動與觀光的關係

　　運動和觀光這兩個原本不相同的活動,是何時開始連結起來的?古希臘奧林匹亞運動會可視為其濫觴。林丁國(2008)指出,雅典城邦的體育活動中,最為後世所稱道便是舉辦奧林匹克運動會(Olympic Games),大約在西元前776年到西元393年,長達千餘年的時間,每隔四年舉辦一次奧林匹亞慶典的盛大場面,經常吸引數以萬計的各城邦公民前來參與。由此可知,運動賽事吸引了社會大眾前來觀賞,然後人們在參與的過程中引發了不同的感受。Standeven和De Knop(1999)亦持類似的看法,認為運動觀光從古希臘奧林匹亞運動會時已漸漸呈現雛型,當時運動員及王室貴族相關人員為了前往運動會場,沿途以紮營方式前往,此為最早的運動觀光。此種型態的觀光視運動為互利共存體,換句話說,運動賽會的舉辦提供了遊客特殊的體驗,這些特殊經驗也許是來自參觀賽事,也可能是親自參與活動,從而提升了人們的旅遊價值,進而促進了觀光產業的發展。

　　隨著時代的演進以及民眾對休閒態度的變化,運動和觀光的關係已經走向互利、共生的階段,尤其諸如世界盃足球賽、網球四大公開賽、冬夏季奧運等等國際大型運動賽會已逐漸受到大眾的重視與歡迎,主辦單位莫不將運動賽會結合觀光活動視為最大的挑戰。一位署名為Wanlintsao的網友如此形容他的澳洲網球公開賽之旅:

　　……來到澳網場地時,覺得來到了一個主題遊樂園,完全出乎我印象中運動賽事的樣子,門票條碼感應式的自動閘口,可持當天票無限次自由進出,場地內有大大小小的攤

運動已從單純工作後的放鬆，慢慢演變成結合大量消費行為的觀光旅遊活動（徐欽祥提供）

位，當然最多的就是賣吃的啦！民以食為天嘛，到哪都一樣。還有一些其他贊助廠商的攤位，每個廠商都會設置個跟網球有關的主題來與參觀的民眾互動，像體驗Wii網球遊戲、丟球換獎品、跟ATM玩偶打網球的活動等等，都相當有趣。在攤位的草地上，主辦單位設置了露天舞臺，有大銀幕可觀看昂貴的大型賽，有免費演唱會等種種活動，還有紀念品店，所以我說這根本就是網球嘉年華會嘛。我們陸續看了幾場小型比賽，在某個角落發現人群聚集，一定有好康！跟著去搶位，結果是一個有名的網球選手Rafael Nadal來熱身……

由上述文字敘述可知，運動和觀光的結合愈來愈趨向多元化，

運動和觀光的結合，愈來愈趨向多元化（徐欽祥提供）

無論是靜態的觀賞或是動態的參與，都讓遊客在互動關係中得到不同的感受與經驗，進而形塑出個人獨特的運動觀光參與體驗。

三、運動觀光的意涵

　　一般論及運動觀光的意涵時，多採用Standeven和De Knop（1999），以及Gibson（1998）的定義，其主要論點強調，暫時離開居住或工作地點，從事各式與運動相關活動的旅遊；Weed和Chris（2003）則從更廣義的角度來觀察，認為運動觀光是一個社會、經濟和文化現象，這現象從活動、人群和地點的獨特互動中產生。吾人以為，和先前學者不同的是，Weed和Chris較為強調「互動」關係，換句話說，與「活動」的互動乃以參與運動為主，例如騎單車

觀光三要素常以3S模式，即陽光（sun）、沙灘（sand）
與海洋（sea）來加以敘述（揚智文化提供）

完成加拿大洛磯山脈之旅，並從旅途中實際體驗當地文化和風俗民情；和「人群」的互動則是直接欣賞運動賽會，例如不少臺灣F1賽車迷飛往馬來西亞，在雪邦賽車場（Sepang F1 circuit）中隨著引擎的嘶吼聲與現場觀眾一起瘋狂吶喊；至於和地點的「互動」則是參觀體育場館或是運動名人堂等行程，比如位於美國紐約州古柏鎮（Coopers town）的美國國家棒球名人堂博物館（National Baseball Hall of Fame and Museum），其成立的目的乃是向棒球史上具有卓越貢獻的人物致上最高的敬意，棒球迷可能會對館藏裡與貝比魯斯（Babe Ruth）有關的棒球相關文物、相片、簽名球具等物品產生極大的興趣。

　　一般論及觀光三要素常以3S模式，即陽光（sun）、沙灘（sand）與海洋（sea）來加以敘述，然而隨著遊客對觀光旅遊產

品的偏好改變，例如一個F1賽車迷可能不只嚮往在摩洛哥舉辦的F1街道賽事所帶來的緊張刺激，除了摩洛哥當地的陽光、沙灘與海洋之外，他有可能追求著4E的觀光模式，包括情感（emotion）、教育（education）、娛樂（entertainment）與體驗（experience）；換句話說，運動觀光的參與者將從以往對於旅遊目的地的偏好差異程度不高的階段，進而追求體驗的獨特性，畢竟不同時間與地點的賽事所呈現出來的風格絕對有所差異，因此標準化設施與景觀所提供的價值可能無法再滿足遊客，換句話說，運動觀光的定義有隨著改變。這亦是日後運動觀光相關研究者必須留意之處。

四、運動觀光的類型

由上述討論可知，運動觀光乃因與活動、人群和地點的獨特互動而產生不同的觀光型態。事實上，綜觀相關文獻可知，國內、外學者針對運動觀光活動的分類眾多，旅遊場景（黃金柱，2006）、參與方式（Gibson, 1998）、參與地點（Kurtzman & Zauhar, 1997）等要素，往往是其用以區分不同種類的運動觀光活動的方式。高俊雄（2003）則提出新的觀點，其依產品服務所需要的核心資源，以及遊客停留的時間長短，將運動觀光區分為運動景點觀光、運動渡假觀光及運動賽會觀光等三種型態。

(一) 運動景點觀光

遊客主要是為了實地參與運動或是觀賞，但是停留時間並不長，從一小時到八小時之間，通常不會過夜，此類景點可以是遊程的全部，也可以是整體遊程的一部分，需要的核心資源是運動環境設施或者活動本身。此類景點通常位於郊區或都市，可提供觀光客

在旅遊過程中前往觀賞或者參與運動。如運動博物館、名人堂、著名運動場館、賽狗場、賽馬場、海灘、潛水、網球、高爾夫、羽球、棒球、籃球、登山健行、自行車等。

(二) 運動渡假觀光

遊客主要是為了實地參與運動，停留時間較長，通常在兩天到五天，是旅遊主要的目的地，許多活動都是在這裡或者附近完成的，是整體遊程的主要部分。需要的核心資源可以是運動環境設施或者活動，但必須具備規劃完善之運動設施以及提供餐飲、住宿、娛樂等相關服務，才足以吸引旅客前往運動觀光旅遊，並滿足遊客在旅遊目的地停留期間的需求。例如潛水、網球、高爾夫、羽球、登山健行和自行車等。

(三) 運動賽會觀光

遊客的主要目的是為了觀賞運動賽會，停留時間可以長達數天，是旅遊的主要部分，也可以短到二至八小時之間，只是整體遊程的一部分。需要的核心資源必須運動環境設施與活動兼備，特別是能夠吸引大量觀賞性運動觀光客的精彩運動賽會，這些運動賽會也會吸引大量媒體、技術人員、運動員、教練和運動官方人員參與，例如奧運會、世界盃足球賽、網球公開賽、臺灣太魯閣國際馬拉松路跑賽等。

以上三類旅遊型態的相對位置如圖4-1所示。

由上述分類可知，運動觀光是整合觀光旅遊與運動特質於一身的活動，其本質即人們在旅遊觀光的過程中，能參與或觀賞運動相關活動的一種旅遊型態，同時人們可藉由參與和觀賞運動的過程，

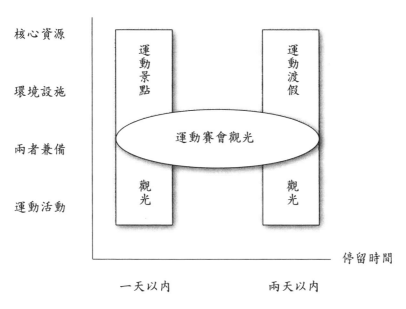

圖4-1　運動觀光的類型

資料來源：高俊雄（2003）。

產生不同於一般觀光活動的感受；換句話說，運動其實為觀光產業中重要的一部分，運動與觀光彼此相互依存的關係也使得人們瞭解到運動觀光的核心價值乃在於創造出難以忘懷的觀光體驗。

▶ 第二節　運動觀光的規劃

　　運動觀光發展的內涵包括供給面與需求面，供給面指所有提供服務與產品的軟硬體設施及核心資源，需求面指的是有興趣且有能力參與運動觀光的潛在遊客。隨著運動觀光在全球的盛行，如何

將運動觀光資源做最有效的規劃利用，同時不至於導致運動觀光資源的衰敗及破壞，此乃全球運動觀光規劃建設及經營管理的重要課題。

一、運動觀光產物的生產過程

由於運動觀光規劃乃一動態的程序，因此有必要瞭解運動觀光產物的生產流程，以利於運動觀光規劃者知道該做什麼以及如何做。Smith（1995）提出觀光產物生產過程乃包含基本輸入、中間產物（包含公共設施和服務）以及觀光體驗這項最終產物。基本輸入指當地之資源，如土地、勞力、水、農產品、燃料、建築、都會區等。中間產物分兩類：一為公共建設方面，包括公園、名勝區、交通運輸方式、博物館、手工藝店、旅館、餐館和租車服務等；另一類的中間產物是服務，包括導覽、導遊、現場表演、紀念品和飲食等。最終產物就是體驗包括娛樂、社交、教育、放鬆、商業活動、紀念、嘉年華會和一些活動等。為了將Smith發展的概念運用到運動觀光規劃上，本文以2010年溫哥華冬季奧運為例，簡略說明運動觀光產務生產的過程（如**表4-1**）。

由上述分析可以明確地瞭解到一項運動觀光規劃的基本要件，如何將這些要素完美的結合起來則有賴於完整的核心服務作業。高俊雄（2003）指出，核心服務作業乃運動旅客從準備從事旅遊、選擇遊程開始到預約交通、住宿、活動門票、技術指導、解說，到旅遊回程等，需求十分多元。因此，運動觀光在實務上的服務內容除了交通、餐飲、住宿等相關服務之外，至少必須含括遊程設計、導覽、解說、技能指導、運動保健、活動籌辦等核心作業，才能創造運動觀光的核心價值。旅客在某一個旅遊目的地從事運動，或者整

表4-1　運動觀光產物生產過程——以2010年溫哥華冬季奧運為例

基本輸入→	中間產物→	中間產物→	最終產物
（資源）	（公共設施）	（服務）	（體驗）
各項標準場館、滑雪道、運動志工、適當區位與天候、通訊與醫療等	便利的上下山交通運輸網、大量的觀光景點、充足的旅館數等	當地美食、套裝旅遊行程、冬季奧運紀念品、逛街購物等	感官的刺激、激動的情緒、美好的回憶等

資料來源：Smith（1995）及作者整理製表。

體遊程的時間愈長，旅客所需要的相關服務就愈多；所需服務項目愈多，觀光服務組織就愈多，旅遊服務的介面也愈廣，旅遊仲介服務就更顯重要。就核心資源與作業而言，運動觀光服務的核心作業乃緣於四項要素的結合與運作：一是觀光旅客、二是運動組織與指導、三是環境設施器材，以及四是有品質的進行運動。（運動觀光核心要素如**圖4-2**所示）

　　由上述分析可知，運動觀光的規劃不僅需要考量供給面，同時亦得將需求面深入分析，如此方能訂定運動觀光的目標，意即要提供什麼給遊客，以及瞭解遊客需要的是什麼。在分析過運動觀光規劃的基本要素之後，本文繼之分析運動觀光規劃的主要流程。

二、運動觀光規劃的流程

　　Mitchell（1983）曾指出，觀光規劃包含了三項基本原則：(1) 規劃概念是簡單的；(2) 規劃遊憩是複雜的；(3) 執行規劃是困難的。Mitchell的概念足以反映出目前運動觀光規劃的核心。以近年來極為成功的「萬人崇BIKE」大型單車活動為例，其規劃概念其實

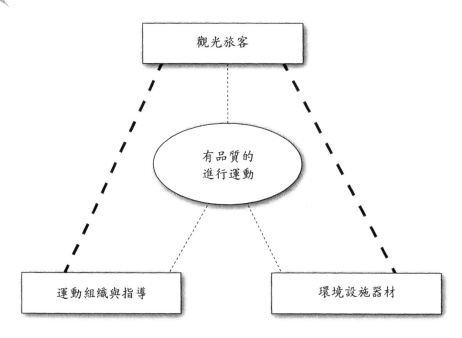

圖4-2　運動觀光核心要素

資料來源：高俊雄（2003）。

很簡單，意即透過宗教文化觀光風氣的盛行，並為鼓勵國人身體力行參與健康休閒活動，因此新港奉天宮特別融合運動、地方觀光與宗教文化，設計單車活動。然而，動則上萬人的活動，其需要考量的變數亦相對複雜，例如路線規劃、交通管制、活動時間等議題對運動觀光規劃人員來說都是一大挑戰，這也指出了運動觀光規劃的複雜性；其次，壓力團體或是附近居民的抱怨亦有可能影響規劃工作，由於必須克服多方面的衝突，加上執行需要時間、經費及其他資源，因此執行規劃是困難的。Mitchell（1983）進一步將標準觀光規劃程序如**表4-2**敘述。

表4-2 標準觀光規劃程序

1. 目的及目標陳述
2. 觀光資源清查
3. 社會及地理特性（社經及自然變數）
4. 需求量分析（清查及調查）
5. 設定標準（特殊區域／地區）
6. 需要分析（確定未來需要）
7. 觀光供應／需要（供需比較分析）
8. 觀光主管（政府負責層級）
9. 財務來源
10. 計畫圖表
11. 執行建議事項
12. 評估（執行計畫達成目的及目標的程度）

資料來源：Mitchell（1983）。

　　黃金柱（2009）則針對運動觀光規劃提出5W1H（why、who、when、where、what、how）的概念，簡述如下：

1. 為何（**why**）：運動觀光客為何會參與休閒活動？想滿足何種休閒活動的需求（needs）？或得到何種休閒的效益（benefits）？
2. 何人（**who**）：誰會是運動觀光的潛在參加者或是觀賞者。
3. 何時（**when**）：在什麼時候辦理休閒活動或進行休閒比賽。
4. 在何處（**where**）：在哪個地點、場地，是室內或室外，是自然的戶外環境或是人為的室外環境等辦理休閒活動或舉辦比賽。

5. 辦理什麼活動或以何種主題舉辦比賽（**what**）：舉辦何類或何領域的休閒活動，視目標市場主要想得到的效益而定。這種效益主要與身體、心智、情緒、心靈和社會層面等的發展有關。

6. 如何舉辦賽會或辦理活動（**how**）：運動觀光的兩大主軸為賽會運動觀光和動態運動觀光，對運動觀光相關企業而言，以什麼方法或什麼方式、技術（科技）舉辦比賽或辦理活動，對觀光客需求的滿足，甚為重要。

由上述5W1H概念可知，運動觀光相關人員在規劃遊程與準備相關服務時，對於遊客的背景和屬性必須有一定的瞭解，然後才能針對遊客的特性輔以本身的內部資源，安排適當的運動及合宜的進行方式；此外，外部資源應該和活動做密切的結合，同時相關的設施和器材也必須到位，如此方能成功執行運動規劃方案，並留給遊客情緒上的深刻體驗。

值得留意的是，在觀光事業逐步邁向永續觀光發展的今日，未來運動觀光亦需強調整合規劃，對於運動觀光地區有關的承載力、衝擊等的議題應納入考量，例如歐洲的阿爾卑斯山地區，因為人為滑雪之故，造成土壤侵蝕和植物的破壞，導致景觀的改變。這些影響必須透過系統規劃架構以擬訂適當的策略並持續監控，進而在滿足運動觀光客需求的同時，也盡到社會責任。

▶ 第三節　運動觀光的發展

儘管運動觀光愈來愈熱門，如何使運動觀光永續發展亦是近年

來關注的焦點，就社會層面而言，強調運動觀光永續發展不僅符合資源公平分配的主張，同時也確保當代及後代全體人民的基本需求可以得到滿足；就自然生態層面而論，永續的態度意味著人類和自然和諧相處；就經濟層面而言，多一份永續概念，地球自然生態系統就多一份保護，進而促進全球經濟永續發展。因此，針對運動觀光的發展不能忽略永續的概念。

一、未來運動觀光產業發展趨勢

運動觀光事業的發展於不同國家扮演的角色各有重要性，在現代化先進國家，運動觀光蓬勃發展，並以此觀光服務業為主流，除了帶動國內相關產業發展之外，亦提昇了國家形象；開發中國家的運動觀光產業則為賺取外匯的主要方式之一，同時也創造了更多就業機會。魏依玲（2007）指出，未來運動觀光產業的發展趨勢，有下列幾點：

1. **個人化運動觀光項目發展將持續發展**：為了吸引遊客體驗觀光旅遊的獨特性，愈來愈多的產品或服務提供者捨棄集體運動（collective sport）的市場開發，而是提供個人化運動（individual sport）的服務，運用觀光地區的特殊資源所能帶給旅客的特殊經驗，如紐西蘭的高空彈跳、阿拉斯加的獨木舟、大堡礁潛水等項目。此個人化運動觀光市場的發展將衍生包括運動裝備、運動體能與技巧訓練課程、當地住宿餐飲娛樂等相關產業。
2. **旅客參與模式的多樣化**：由於運動觀光的概念是結合運動與休閒旅遊的特色，從市場的供給面與需求面而言涵蓋更多成

員，而產生更多不同的產品或服務組合，遊客參與的程度不一也可感受不同的觀光經驗。

3. **擴大運動產業範圍**：以往運動競賽大都是屬於運動員的專屬活動，一般民眾有專業技能上的進入障礙；由於運動觀光產業的興起，不僅擴大運動產業的參與人口，並延續與擴大專業運動員的生涯發展，包括投入運動觀光旅客的教育訓練、運動行銷、運動相關科技研發等領域，運動產業與其他領域的結合擴大其創新的可能性。

4. **因應都會生活的運動參與**：全球約有五成人口居住在都會區，日常生活受到工作與空間的限制而產生身體與心理上的健康問題，運動觀光提供了都會生活的人追求兼顧休閒與健康目的的活動，而都會區工作者也較能負擔高額的觀光支出，以獲得安全高品質的運動觀光服務及體驗。

5. **開發探索自然環境神秘的冒險活動**：人類在開發的過程中因經濟因素而使得自然環境受到破壞，近幾年由於環保意識抬頭，自然景觀易受到較佳的保護，而其神秘的色彩卻也成為觀光客心所嚮往之處，成為觀光資源的一部分。自然環境帶給觀光客的體驗絕大多數屬於「冒險」與「挑戰」，運動競賽的規劃則是挑戰人類技能與運動器材的技術，例如馬來西亞叢林汽車賽、撒哈拉沙漠的汽車拉力賽等。

6. **全球化**：無論是動態性運動觀光，或者是運動賽會觀光，運動觀光的投資必須經歷數年的經營才發揮回收的效益，因此觀光目的城市與區域為了長期永續的運動觀光產業發展，針對全球市場進行推廣是必要的策略。此外，運動觀光的規劃與營運組織是產業發展的關鍵因素，當區域或城市在經驗與資源不足的情況下，即必須尋求全球資源的協助，以跨國合作方式建立專業的規劃與營運團隊。

7. **符合社會發展趨勢**：未來社會發展將朝向高齡化、少子化、女性就業增加、都會區人口比例提高等趨勢，運動觀光產業發展亦應策略性思考其消費者參與模式的動態變化，針對不同年齡層、性別、工作屬性、家庭類型的不同需求，發展出符合健康、知識、科技與特殊體驗的服務或產品。

　　由上述分析可總結未來運動觀光的發展趨勢將朝更多元化的方向邁進；一方面，運動觀光客漸漸習慣離開自家的範圍，獨自到全球從事與自然環境互動的運動，儘管這些環境和運動包含了風險的成分，然而卻也突顯了遊客參與運動觀光的多樣性，進而讓運動觀光產業對相關行程的行銷投入更多心血，並帶動相關運動產品的興盛；另一方面，不同世代對於運動觀光有著不同的體會，例如老一

開發探索自然環境神秘的冒險活動是未來運動觀光發展趨勢之一（徐欽祥提供）

輩人們較少觸及探索性運動觀光的區塊，而現代網路資訊發達，許多新世代的族群有著更多機會接觸多元的運動，這也使得運動觀光規劃者必須因應社會的發展趨勢來加以調整。

二、臺灣運動觀光的未來發展策略

隨著休閒型態和自由時間的改變，運動觀光亦在這種背景下應運而生，目前國際上運動觀光的發展已趨成熟，而臺灣地區運動觀光也開始慢慢受到政府、業界及學術界的重視。未來我國在發展運動觀光策略上，不僅需要符合世界潮流，同時亦需朝全球在地化的方向邁進，在以觀光永續發展的前提下，建構出更完善的運動觀光相關建設，提供遊客截然不同的觀光體驗。根據以上討論，本文亦列出幾點未來我國運動觀光發展的策略：

(一) 強化運動觀光產品的開創與設計

運動觀光必須因地制宜，設計出具當地特色的運動觀光旅遊產品。臺灣地處於四面環海的地理位置，極為適合發展水域運動，此外，島內高山林立，自然森林資源豐富且多元，對於發展探索性觀光深具潛力，以上這願景須仰賴政府相關單位配合國土發展政策的指導做有效規劃，進而擬定出臺灣未來運動觀光資源的發展目標，整合相關觀光發展計畫，透過地區綜合發展策略，以開發出更多運動觀光產品。

(二) 加強運動觀光人才的培養

任何運動的興盛，除了活動本身的特性之外，專業人員亦扮演重要角色，這些人員在行程的規劃、專業的帶領以及相關服務的傳

遞上，扮演著極為關鍵的角色。例如臺灣飛行傘起飛場地約有十六座左右，每到假日，總有不少遊客去體驗遨遊天際的快感，然而卻也因為幾起意外事件而使得遊客對於該項活動產生安全上的顧慮，事實是只要有合格的教練，對場地環境或是氣流就有一定程度的熟悉，沒有飛行經驗的民眾便可以在合格教練帶領下乘坐雙人傘體驗飛行，而由於一些人為上的疏忽導致教練的專業性受損；因此，未來在飛行傘等運動觀光的推展上一定要有專業人才帶領，同時傳遞正確活動訊息和保護措施，顯見國內運動觀光人才培育的重要性。

(三) 運動與觀光的產業結合及多元通路的推廣

綜觀全球極為成功的運動觀光行程，如環法自行車賽、世界盃足球賽、網球四大公開賽、高爾夫球名人賽等等，皆不難發現運動賽事跟當地文化以及風俗民情結合在一起，主要是因為它們具有共同的獨特性及不可替代性；例如2009年環法自行車賽事經過五百六十個鎮和摩納哥、安道爾、西班牙、瑞士以及義大利等五個國家，沿途眾多觀眾有20%是外國人，如此近距離免費觀看比賽的盛大節日不僅僅是對比賽的熱衷而已，隨著每一站的移動，觀眾更有機會一睹當地的文化風情，也可以說運動觀光強調了遊客與當地的互動；因此，運動觀光活動和行程的安排都必須考慮遊客的重要性及感受度。此外，若能透過異業結盟創造出更大的效益，亦能活絡運動觀光市場的結構，帶給消費者多元化的享受及不同的體驗感受，好比環法自行車主辦單位為使年輕人關注體育和健康，發起了名為「以各自方式參與環法賽」的活動，沿途各攤位呈現出企業對這賽事的參與程度，並在開賽之前和比賽過程中提供美食品嚐，以增加當地供應商曝光程度。未來我國舉辦類似的大型運動觀光活動，亦可以強調在地的文化特色與人文特點，同時結合多元的推廣方式來達到行銷的目的。

(四) 建立永續發展的運動觀光產業

隨著全球環保意識的覺醒，運動觀光亦朝向永續的目標發展；未來我國在推廣運動觀光上，應配合活動屬性多聘僱當地人才或人力，同時尊重當地的文化習俗和自然環境，透過相互尊重建立與當地平等共處的關係，減低與當地民眾的對立和衝突。換言之，在針對特定地區開發運動觀光時，應確實以永續發展指標做評估，並需結合該地特殊的地理人文特性做整體規劃，因為社區是居民生活的地方。例如，在推廣海洋獨木舟運動時，採用這種無動力的交通工具，是希望將運動觀光對當地生態環境的破壞減到最低，在活動進行中，專業帶領者也必須灌輸遊客保護生態的技巧及觀念；例如，遊客若需在獨木舟上進食，必須以符合環保要求的方式處理食品和垃圾，或者對於獨木舟活動進行的時間應有所規範，藉以維持整個水域環境的品質。因此，臺灣未來發展運動觀光時，必須將人文環境與生態系統一併納入考量，以創造雙贏的機會。

 # 結語

從國際旅遊市場結構來觀察，可瞭解到運動休閒消費者的需求已漸漸改變，因而促成各種不同運動休閒型態、需求及模式的產生，其中運動觀光已被認為是運動休閒產業中最具成長性的部分；一方面，人們追求更具附加價值的運動休閒體驗將成為一種趨勢，這樣的發展也促使產官學界開始重視運動觀光的發展；由本章可知，運動觀光的完善規劃需要依運動觀光資源的多寡來分析其供給面；另一方面，透過對消費習慣的掌握以探討其需求面，進而預測運動觀光未來發展趨向，以促進運動觀光產業的發展。

問題討論

一、請敘述體育、身體活動、身體鍛鍊三者之間的差異。

二、請敘述運動觀光的類型，並各試舉一活動說明。

三、如果您是一位活動企劃者，您會如何應用運動觀光規劃的5W1H概念來進行企劃活動。

四、請敘述未來運動觀光產業的發展趨勢。

參考文獻

一、中文部分

交通部觀光局（2003）。「水域遊憩活動管理政策與法規制度」。臺北：交通部觀光局。

自由時報（2009）。〈世運觀光效益逾20億〉。http://www.libertytimes.com.tw/2009/new/jul/29/today-sp8.htm，檢索日期：2011年3月8日。

林丁國（2008）。《觀念、組織與實踐：日治時期臺灣體育運動之發展（1895-1937）》。臺北：國立政治大學歷史研究所博士論文。

相振偉、郭愛民（2007）。〈身體鍛鍊對主觀幸福感的影響〉，《新課程研究職業教育》。第12期。

翁志成（1999）。《學校體育》。臺北：師大書苑。

高俊雄（2003）。〈運動觀光之規劃與發展〉，《國民體育季刊》。第138期，頁7-11。

黃金柱（2009）。《運動觀光──基礎觀念、管理行銷、實務運用》。臺北：師大書苑。

黃金柱（2006）。《運動觀光導論》。臺北：師大書苑。

賈凡（2007）。〈歐美體適能研究進展與啟示〉，《博學與雅致論文集》。頁183-204。

劉進枰（2007）。〈定義體育與運動的諸多問題〉，《臺中教育大學體育學系系刊》。第2期，頁154-160.

魏依玲（2007）。「運動觀光產業發展與趨勢分析」。http://www.taipeitradeshows.com.tw/chinese/bulletin/industryinfo_view.shtml?docno=718，檢索日期：2011年3月8日。

二、外文部分

Gibson, H. (1998). Sport tourism: A critical analysis of research. *Sport Management Review*, 1, 45-76.

Gill, D. L., Gross, J. B., & Huddleston, S. (1983). Participation motivation in youth sport. *International Journal of Sport Psychology*, 14, 1-14.

Hinch, T. D. & Higham, J. E. S. (2001). Sport tourism: A framework for research. *The International Journal of Tourism Research*, 3, 45-58.

Kurtzman, J. & Zauhar, J. (1997). A wave in time-The sports tourism phenomena. *Journal of Sport Tourism*, 4(2), 5-20.

Mitchell, L.S. (1983). Future directions of recreation planning. In S. R. Lieber & D. R. Fesenmaier (Ed.), *Recreation Planning and Management* (323-338). London: E. & F. N. Spon.

Smith, S. L. J. (1995). Tourism as an industry: debates and concepts. In D. Loannides & K. G. Debbage (Ed.), *The Economic Geography of the Tourist Industry*. London: Routledge.

Standeven, J. & De Knop, P. (1999). *Sport Tourism*. Human Kinetics, Champaign, Illinios.

Weed, M. & Chris, B. (2003). *Sports Tourism: Participants, Policy, and Providers*. Boston, MA: Elsevier / Butterworth Heinemann.

Chapter 5
運動休閒的發展趨勢與展望

徐欽祥

單元摘要

隨著全球經濟復甦、科技進步、自由時間增加以及生活水平的提升，人們獲得愈來愈多的運動休閒參與機會，換言之，藉由相關社會資源的整合與規劃，運動休閒發展趨勢更具多元樣貌。本章從社會結構的變化開始談起，並探討人口結構與社會網絡對運動休閒發展的影響。其次，則由軟經濟以及體驗經濟的角度來探究運動休閒經濟，並透過社會價值觀的更迭來論述其對運動休閒的影響力。最後則提出幾項運動休閒之展望以供讀者參考。

學習目標

- 瞭解現今運動休閒發展趨勢的多元樣貌
- 透過社會結構及新型態經濟活動對當代運動休閒有新體認
- 掌握未來運動休閒的發展趨勢

▶ 前言

「眾神為了憐憫人類這個天生勞碌的種族，就賜給他們許多反覆不斷的節慶活動，藉此消除他們的疲勞。眾神賜給人們謬思，以阿波羅和戴奧尼修斯為謬思的主人，以便人們在眾神的陪伴下恢復元氣，因此能夠回復到人類原本的樣子。」

——柏拉圖（Plato, 427-347 B. C.）

在探究人類休閒觀的起源時，社會生活多樣而豐富的古希臘具有非常重要的地位，休閒在古希臘的社會中被認為是達到完美典範所需具備的基本條件。隨著時間的演進，現代運動休閒觀是否發展出新的典範乃是值得讀者關注的焦點。

列治文快速滑冰館（Richmond Olympic Oval）是列治文市的嶄新地標，也是2010年溫哥華冬奧的場地（徐欽祥提供）

第一節　運動休閒發展趨勢的多元樣貌

　　運動休閒的本質須備空間、時間、活動、心理狀態和文化等特徵，亦即運動休閒除了涉及個體的行為以外，亦和文化、地理、歷史、經濟宗教等因素產生關聯，加上全球化帶來「世界是平的」概念後，運動休閒逐漸顯現其多元性。如近年來傳統農業發展已逐漸由初級產業轉型為多角化經營產業，透過政府與民間相關資源的整合及規劃，有關農業的生產、生活、生態、文化、旅遊以及景觀等資源逐漸形成了一個新的運動休閒產業，不僅消費者有機會獲取深度體驗的機會，在地農業亦有了新的發展空間，誠如Godbey的觀點所認為的（葉怡矜等譯，2005）：「休閒型態逐漸從單一文化社會走向多元文化社會後，休閒概念和角色也隨之變化（如**表5-1**）。」

　　由世界發展趨勢可知，隨著經濟成長、科技進步、自由時間增加以及生活水平的提升，人們所能參與的運動休閒活動也有愈來愈多的選擇機會；另一方面，後工業時代的運動休閒發展對於社會生活的功能發生很大變化，這些變化對運動休閒理論也誘發了愈來愈多的新議題。然而，影響運動休閒發展的因素極廣，這也說明了何以經濟學、管理學、社會學或是心理學等等不同學科皆在運動休閒研究上有所貢獻。礙於篇幅，筆者僅嘗試探究幾個重要觀點以供讀者參考。

一、社會結構的變化

　　社會結構的實質是資源和機會在社會成員中的配置，其最重要的組成部分是地位、角色、群體和制度。Wellman（1988）認為，

表5-1　單一文化與多元文化社會下的休閒型態

	多元文化社會	單一文化社會
概念	休閒是個人經過選擇後，能夠使其感到愉悅的任何事物。休閒是不受限制的，其本身就是一種目的	休閒是個人被教導去享受特定的活動體驗，並且是受到限制的，可說是達到目的的一種工具
行為多樣性	能被接受的行為範圍很廣	能被接受的行為範圍狹隘
判定行為的標準	行為受到法律規範、但沒有統一的習俗來判定休閒行為的好壞	社會習俗規範休閒行為，固有文化中傳承下來的習俗是必須遵守的一種標準
角色	個人與次文化認同關係著休閒行為	種族、地方與國家認同主導休閒行為
角色扮演上的問題	很難以道德觀點來判定休閒行為，對休閒價值的爭議大且缺乏意義	缺乏新嘗試與選擇機會，非主流行為受到迫害，休閒易淪落為社會控制的一種手段
政府的角色	很難去識別休閒的需求何在，有可能只提供某些特定種類的服務，或是無法均衡地服務每一個次文化團體	容易去識別休閒的需求所在，可能會一視同仁的服務所有的團體
商業組織的角色	商業部門有多樣性的機會，提供服務滿足個人及不同次文化團體的品味，且較易創造需求	商業部門提供的機會有限，較難符合及創造個人或次文化的需求

資料來源：葉怡矜、吳崇旗、王偉琴、顏伽如、林禹良等譯（2005）。

　　結構分析家藉由分析社會系統成員間互動關係的規則來直接具體研究「社會結構」。換言之，「互動」的基礎在於各式各樣不同身分地位構成的網絡，以及與這些地位有關的角色期待和個人需求。一

全球化逐漸讓運動休閒展現其多元性（揚智文化提供）

般而言，社會結構多探討人口結構、社會網絡、人的生存地域空間結構、生活方式結構，以及社會經濟與文化等各方面的相互關係。Stokowski（吳英偉等譯，1996）曾探討休閒的結構性觀點，認為休閒的結構化發生在三個階層：(1) 個人層級：經歷休閒；(2) 社區環境：個人與各類人等產生關聯；(3) 整個社會：提供休閒服務。因此，社會次序各層級的交作用和社會組織的各種進程提供休閒行為和意義的結構（吳英偉、陳慧玲譯，1996）。

(一) 人口結構

以臺灣為例，人口結構的變化對於運動休閒的發展趨勢也有深遠的影響，根據內政部統計處2010年的資料顯示，我國自1993年起邁入高齡化社會以來，六十五歲以上老人所占比例持續攀升，2009年底已達10.6％，老化指數為65.1％，雖仍較歐美及日本等已開發

國家為低，但較其他亞洲國家為高，且高於全世界之29.63％及開發中國家之20％；另一方面，2009年底我國戶籍登記人口為2,312萬人，總增加率僅3.6％，就長期而言，我國人口總增加率呈遞減趨勢，2009年雖較2008年略升，但仍不及十年前之半數。由此數據可知，銀髮族和少子化所引發的運動休閒議題不可忽視。

就老年人而言，基於其特殊的心理和生理因素，運動休閒活動的選擇和設計也有其特殊性，其運動休閒活動的取向多偏向居家、靜態、個人式活動或是志願服務，因此運動休閒產業對於銀髮族的休閒環境、產品以及設計上亦有不同的考量，尤其在無障礙空間設施之完備性、運動休閒場域之交通可及性、運動休閒活動之滿意度等，都需要周全的考量；至於少子化現象則衝擊了家庭結構、組織與功能，父母比起上一世代不僅更加疼愛小孩，同時也嘗試投資相關資源於其上，這是一股危機也是一片商機；因此，運動休閒產業無不緊盯運動休閒遊樂產業的發展潮流，游國謙（2009）則指出幾個少子化和高齡化時代運動休閒產業的趨勢：

1. **強調與自然的結合**：如近年推出的東京迪士尼海洋世界及奧蘭多迪士尼動物王國，都強調以自然為主題，將遊具和自然生態環境做緊密而和諧的結合，以創造出人與自然，及人與動植物的共生關係，並且以虛擬實境的科技表現異於現實世界的各種情境，可親身體驗虛擬的熱帶叢林史前時代以及非洲大草原的原始環境，裡面有活生生的動物、絕種動物的模型，與包括迪士尼經典卡通人物在內的幻想動物。

2. **忠於夢想的原創力**：位於迪士尼樂園非洲草原區的生命之樹，雕滿了三百六十五隻栩栩如生的動物，值得細細觀賞。動物王國的大遊行，更讓你感動莫名（硬體再亮麗，若沒有軟體的配合是不會有生命力的）。迪士尼以精緻、極致的執

少子化所引發的運動休閒議題逐漸受到重視

（徐欽祥提供）

行力，忠於夢想的原創力，就像科技人員忠於哈利波特原創神話與夢幻情境，因而帶動了英國數位科技的發展。

3. **寓教於樂遊具的研發**：對幼兒在遊戲中能啟發教育性及益智性的遊具或遊具包裝，愈來愈受到重視。美國加州一座名為「竹子島」（Bamboola）的主題樂園，就專為十歲以下的兒童提供教育體驗：如從遊戲區中學習數學概念、從迷宮圖中學習拼圖技巧、從水盆裡學習物理定律，運用各種創意幫助孩子們從娛樂中學習。

4. **互動式數位軟體的大量開發**：從電腦和電玩的互動遊戲軟體，到遊客主動參與電影被動媒體的互動表演娛樂，以及親身體驗驚悚、探險、走訪異國、飛行、戰場、天堂地獄，以及太空漫遊的數位虛擬實境體驗，非常適合全家人同樂，尤

其是對於有閒有錢又有體力和興趣玩樂的銀髮族群，是一個嶄新的神奇體驗。

以上僅以臺灣人口結構為例，隨著世界人口密度逐漸高漲，各國針對人口結構上的議題，例如外來移民、高齡化等問題皆有全新的挑戰要去面對。

(二) 社會網絡

人際關係與互動型態具有多元化的面貌，不同的網絡結構常會影響溝通方式，社會網絡一般常指和家人、朋友、同事或是鄰居的相處關係，也是一種人跟人互動的歷程，一般在探討社會網絡時，常將網絡密度（network density）納入考量。Wasserman和Faust（1994）認為，網絡密度指的是網絡體成員間彼此互動的聯繫程度，亦即團隊成員彼此互動的平均程度。密度高就表示網絡中的任何一個成員和其它成員的連結關係多，密度低就是每一個成員間相互連結較少。由此觀點視之，不同的社會成員對於其網路密度也不甚相同，例如性格較為活躍的人其網絡密度也高，至於已婚的女性而言，子女以及配偶可能是生活的重心，因此所從事的運動休閒多以家庭活動為主，偏向靜態或是室內活動；相反的，已婚男性的自由時間可能較多，所能夠進行的運動休閒活動限制也較少；然而，這樣的差異可能隨著時代的進步與觀念的改變而有變化，新世代的男性亦嘗試共同分擔家務和照顧子女，並關注家庭的發展與積極建立與家人的親密關係，進而從另一個屬於同事或是朋友的社會網絡轉移到以家人為主的社會網絡，這樣的轉變也是運動休閒產業關注的焦點。

當社群網站臉書（facebook）的「開心農場」小遊戲在2009年引發一股全民偷菜風時，新的網絡已悄悄形成。不同於以往單以朋

友為基礎的社會網絡，這些社群網站跳脫以文字討論為內容的框架，加入更多互動的元素，讓陌生人、失散多年的親友甚至是老同學有機會穿越時間及空間的阻隔聯繫在一起；另一方面，眾多的部落格（blog）、微網誌（micro-blogging）、即時通訊軟體、線上遊戲等網路資源也集合了一群理念和興趣相近的人，進而形成一個新的網絡，當這種所謂「一立方公尺的休閒」盛行時，人們傾向於靜態或是室內休閒娛樂的機會也提升，同時間接造就了所謂的「宅世代」。這些長時間待在家裡並且與網路離不開的一群人往往執著於某種人、事、物，有時甚至會把時間與金錢集中花費在該特定對象上，同時有著歸屬的欲望，強烈地想形成一個具有共同價值的團體，讓自己歸屬於其中，並積極以自身豐富的知識與創造力傳達資訊或從事創作。這股「宅力量」可能是運動休閒產業從未預料到的，演進到今，這種新型的經濟活動引發了更多樣的消費娛樂，同時，這些宅世代可能因興趣擴張或因其關注的話題同時在各領域推出產品或服務等，因而形成跨領域消費及深入研究等結果。因故，這種新型的社會網絡亦值得關注。

　　相對於宅世代，一些個性比較外放的人會參與更多的運動休閒活動，甚至選擇興趣相投的夥伴來參與特定的運動休閒活動，例如風浪板、潛水、滑雪、登山、越野自行車等運動，這樣特殊的社會網絡也使得以戶外運動休閒活動為主的服務行業興盛起來，例如戶外冒險、探索教育、體驗教育等。

二、運動休閒經濟的產生

　　運動休閒是現在社會的產物，不僅與其他產業有密切關聯，也是經濟發展的印證；不同於傳統的經濟形式，運動休閒活動讓社會

運作的機制跳脫生產、分配、交換、消費的循環，取而代之的是人們的消費行為使生產者的能力獲得了增長。另一方面，隨著傳統的生產－消費模式已經慢慢轉變成消費－生產模式，探究人類運動休閒行為和經濟現象之間的互動與規律，持續吸引著學者們的投入研究。在現今有閒又有錢的休閒時代裡，人們比較願意投入大量的時間和金錢於旅遊、運動、觀光等活動，追求自我發展或提升生活品質，運動休閒的支出比重也愈來愈大。事實上，發展運動休閒可以直接帶動一些運動休閒產業和服務的集中消費、刺激消費並擴大內需，從而刺激運動休閒產業發展。

(一) 軟經濟

隨著生態觀光、文化旅遊以及宗教文化巡禮等活動的興起，我們可以觀察到全球運動休閒經濟發展的軌跡，也就是運動休閒產業結構日益軟性化的趨勢。所謂的「軟經濟」乃是一種有別傳統的投入（資源）－產出（產品）式的「硬經濟」的經濟類型；軟經濟重視服務導向、追求舒適的生活型態，藉由獨特的商品或創意突顯個別差異，進而提供消費者全新的深刻體驗。隨著人類對生活品質的重視，強調生活品味與知識服務的需求相對提升，近年來包括休閒農業、文化創意產業、觀光醫療、深度探險等高價值軟性產業的興起說明了其對經濟發展的影響力。例如，2005年全球有128萬名外國人到泰國治療，手術後病情穩定的病人，常被安排在風景優美的渡假村休養，為泰國創造近86億美元的外匯（廖德琦，2007）。此外，近年來漂鳥計畫、城市農夫、單車深度之旅等活動吸引愈來愈多的民眾追求軟性生活，這種追求在地文化與創意的活動降低了硬體與製造的成分，從而提升軟體與文化的比重。當旅行者循著電影《魔戒》、《哈利波特》遠赴他國尋求烙印於心中的電影畫面時，

臺灣也有《海角七號》、《練習曲》、《艋舺》等讓海外遊客朝聖，這即是文化創意結合在地文化所產生的軟經濟實力。因此，當我國其他產業於研發能力與生產效率日益提升的同時，住在這塊島嶼上的人民應該更有機會展現詮釋自我生活的能力，透過樂活、慢活的思維讓人們更懂得生活，進而更珍惜這片土地，同時也讓全世界的人有機會共同見證臺灣的軟經濟。

(二) 體驗經濟

　　當您踏入一間明亮又充滿活力的運動休閒俱樂部時，接待人員的熱情、流暢的動線、人性化的設計、新穎的運動設備以及滿臉暢快的汗水等，都讓您感受到您不只是個消費者單想「買東西」而已，您更想要買個不一樣的感覺，這感覺可能是「青春」或是「流行」等，甚至是被這間運動休閒俱樂部所創造出的故事和劇情所吸引，您在這樣的環境下追求到認同感；換言之，運動休閒俱樂部提供了一個充滿劇情和象徵的舞臺讓您能自我享受。這就是所謂的體驗經濟，這種新的經濟模式改變了消費者的消費方式，更影響了商品的生產模式。所謂「體驗」乃是當一個人的情緒、體力或是精神達到特定水準時，於腦海或是意識中所產生的美妙感覺。Pine和Gilmore曾提出（夏業良、魯煒譯，2003），「經濟價值遞進（progression of economic value）的觀念（如圖5-1）。」在這樣的遞進過程中，筆者嘗試以近年來十分熱門的單車環島來說明經濟價值遞進。

　　製造單車需要原料、設計等初級產品，進而才有製造好的產品呈現在消費者眼前，然而隨著單車的風潮興起，愈來愈多單車業者也設計了女性客製化專屬車款，不僅車架比例、功能、顏色，甚至是坐墊的寬窄都從女性的人體工學來出發考量；有了基礎的商品，

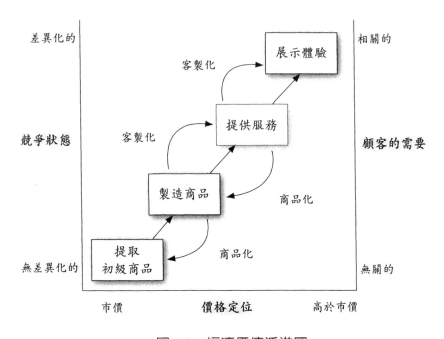

圖5-1　經濟價值遞進圖

資料來源：夏業良、魯煒譯（2003）。

單車業者也注意到環島並非男性車友的專利，女性單車客也可以在妥善的規劃和完整的補給下完成挑戰，於是客製化的沿途支援專業團隊也因應而生，女性環島者在無後顧之憂的情況下，不僅可以實現挑戰自我的夢想，同時也能夠沿途欣賞臺灣在地的人文景觀，旅程結束後，甚至可以在自己的部落格上留下詳實紀錄，並帶給自己一生難忘的單車體驗。

　　上述特殊的體驗乃植基於運動休閒產業能夠及時察覺消費者的需求，進而籌劃出獨創性的產品以提供不同消費者豐富的生活體驗。面對新經濟時代的來臨，運動休閒相關產業對於體驗經濟的特性也應有所認知，例如體驗經濟的生產過程週期極短，甚至有可能

多元文化結合在地創意產生軟經濟實力

（徐欽祥提供）

當下一秒鐘消費者有了「哇！」的驚呼後就產生，這樣的過程完全不同於以一季或是一年來計算循環的其他產業。此外，體驗濟濟所產出的結果不同於機械生產般的標準化；換言之，由於感受是獨特又具個人化的，每個消費者對於「美好的感覺」並不一致，這亦是運動休閒產業在以體驗經濟促進相關產品與服務的升級過程中必須留意的。

三、社會價值觀的更迭

　　所謂價值乃是個體針對個人的需求和喜好進行追求或是滿足的動機，並且透過與環境的互動交流之後，在個人主觀上達到一種自我認定的滿足感。影響人們休閒價值觀的因素很多，個人的偏好、

成長環境、社會文化趨勢以及個人社會化等皆有其影響力，例如華人的運動休閒文化基於中國文化的傳承而源遠流長，其運動休閒方式強調自我心境與自然環境的融合，另一方面也因為重視社會結構、宗教信仰及家族成員，因此親族相聚、廟會節慶、民俗活動等皆是傳統價值觀所衍生出來的運動休閒活動型態；至於西方則多從哲學內涵來探討休閒，其視休閒為人的精神態度，並嘗試將自我與社會空間連結，建立緊密的社會關聯，這也可以理解何以社區、教堂甚至學校為重要的休閒場所。然而，誠如Koenemann（1991）所言：休閒似乎已經不再是一項裝飾或奢侈品，而是在現代社會生活中，為維持正常生命現象，提高生活品質必須具備的一部分。許志賢（2002）更進一步認為，許多學者專家一再表示休閒對現代人有

西方的外展教育或是休閒教育帶給東方新的休閒思維
（徐欽祥提供）

著全方位的功能，如促進機體發展、舒緩身心疲勞、滿足需求、實現成就感、降低壓力與緊張……等許多功能，休閒的價值當然也就備受世人肯定和重視。然而，隨著工業化社會的來臨，人類的休閒價值觀也隨之改變，張曉（2006）也在〈多元化社會中的休閒價值觀〉一文中指出了多元化社會中的休閒價值觀的變化（見**表5-2**）。

　　由**表5-2**可知，隨著科技發展，訊息的傳遞更加迅速，東西方文化相互融合也成了一種趨勢，這樣的現象使得西方的休閒思想觀念和運動休閒型態不斷傳入東方，如戶外冒險活動、外展教育或是休閒教育等，皆帶給東方新的休閒思維；另一方面，強調禪以及養生觀念的東方休閒型態也慢慢為西方人所接受。此外，新型態的運動休閒價值觀也引發了不同的消費態度，尤其在現今訴求個性化、自立以及多元的時代，非理性的成分也濃厚了起來；當運動休閒的消費成為一種身分、地位的象徵時，以往根據自身所需進行選擇的理性消費，已慢慢轉向為偏重於產品和服務的外觀及其賦予的感覺和情感，進而追求主觀偏好和象徵意義的感性消費。例如，青少年穿上NAB明星LeBron James的23號球鞋並不意味著會有著和他一樣的爆發力和戲劇張力，而是期望透過選購產品建立識別，這樣的過程不僅僅依賴產品的售價，同時也透過消費者關心產品意義的過程，使得這些意義與品牌形象結合，再藉由媒體強化其在消費者心中的印象；進而言之，消費者追求一種認同感或是一股"Just do it"的自我實現預言。這樣的價值觀也使得運動休閒產業的發展以及消費者的選擇取向有了不同於以往的改變。

表5-2　變化中的價值觀

傳統價值觀	新價值觀
自我否認的道德觀	自我充實的道德觀
較高的生活標準	更好的生活品質
傳統的性角色	模糊的性角色
公認的成功定義	個性化的成功定義
傳統的家庭生活	各種不同類型的家庭
對工業機構的信任	自立
爲工作而生活	爲生活而工作
崇拜英雄	崇尚理念
擴張主義	多元主義
愛國主義	民族傾向的弱化
追求空前的增長	對侷限性不斷強化的認識
工業增長	資訊／服務增長
對工業技術的接受	技術的導向

資料來源：張曉（2006）。

▶ 第二節　運動休閒的展望

　　由上述分析可一窺運動休閒產業以及消費者在面對新休閒時代的發展趨勢，運動休閒革命性的變化不斷地上演著，誠如馬惠娣（2004）根據Godbey的研究所指出的運動休閒未來焦點是：

1. 隨著物質財富極大地豐富，人們開始轉向文化精神的消費與追求，更多的時間和錢財用於休閒，費用的投向也發生明顯

的變化，諸如休閒假期、多方面發展自我，接受各種技能的培訓、完善自我的再教育（終身教育）、文化陶冶、健身美容、欣賞藝術。

2. 傳統的工作和休閒的概念已經模糊。首先，工作時空界線被打破；其次，休閒在未來的社會中成為社會系統中一個建制化的事物，它會成為一種資源、回報分配、創新期待，有利於事業的發展，延伸工作。

3. 傳統的「先生產，後消費」的概念將發生根本性的變革。隨著「過剩經濟」到來，人們逐步意識到「生活」和「消費」對發展經濟具有同樣重要的意義。

4. 人的壽命在延長。

5. 休閒使人的生命更加豐富多采。

關於未來運動休閒的展望，除了政府相關單位的政策推動之外，筆者也綜合相關學者的看法提出幾項觀點供讀者參考：

一、把握體驗經濟時代

體驗經濟時代下，人們愈來愈重視感官式的運動休閒，並追求高感性的深度經驗，這樣的趨勢也使得運動休閒產業創造了新的商業模式。例如國立海洋生物博物館近年來頗受國人喜愛，其跳脫以往水族館的經營模式，取而代之的是提供更多樣的體驗活動；在海底隧道除了珊瑚，還有活力充沛的熱帶珊瑚礁魚群，讓遊客體驗宛若水晶宮般的世界，也滿足了探索珊瑚礁的好奇心，或者沉船探險，讓遊客感受一艘沉船如何成為海底生物絕佳的生存環境，不同的船身部位隨著明暗，居住著不同的物種。由於體驗並不是一個空

洞的形容詞，它屬於一種感覺，一種消費者永難忘懷的體驗，因此運動休閒產業該如何透過體驗行銷來吸引消費者，進而從服務經濟階段提升到體驗經濟時代，是值得努力的方向。

二、堅守一立方公尺休閒

網際網路讓新世代的年輕人上了一股癮，在這股網路文化中，網路這個媒介不僅讓青少年暫時逃離了煩悶，同時也滿足其迫切追求知識的渴望，進而在網路世界得到認同。由於科技仍會以飛快的速度進展，未來雲端運算（cloud computing）概念落實之後，透過網路即能使電腦以及社群彼此間的合作或服務更無遠弗屆。運動休閒產業也不能忽視這股虛擬世界所產生的能量；然而，在少子化現象加上青少年固守一立方公尺的休閒時代，社會也必須透過休閒教育來提升青少年的休閒素養，透過這樣的教育過程，讓青少年具備休閒價值的判斷能力、合理運用休閒時間的知能，進而決定其個人的休閒行為目標，以此提升個人的生存品質。

三、關注高齡化社會

所謂「老有所終」代表著老齡社會來臨時，社會大眾該共同面對的責任。每個人都會老去，當您老去時，您希望面對的是什麼的一個休閒社會？從這樣的思維出發或許可以讓我們更關心銀髮族的運動休閒議題。從硬體設備而言，相關單位應該要充實現有老人運動休閒活動場所內部設施以及空間使用規劃，例如階梯的高度以及空間動線的流暢度；另一方面，充實設施完備性以滿足不同老人之需求，好比緊急通報系統的建制，甚至提供多樣化的活動吸引老人

參與。近年來，志願服務也提供了一個滿足老人心理、生理和社交效益的空間，除了奉獻己力之外，也能夠從服務中學習，進而有機會追求自我實現。

四、強化自由時間管理

　　一直以來，「時間」具備了無法儲存、無法被替代以及不能增減的三大特質，每個人的自由時間長度也不一，隨著參與活動時間成本的門檻降低，人們對於自由時間的認定有所差異；因此，自由時間管理著重在可自行支配與選擇。換言之，如何妥善分配自由時間，是對自己價值觀、生活態度以及休閒行為的自主管理。另一方面，當人們的自由時間逐漸增加，意味著可供休閒的時間也應該有所增加，然而時間卻又成為人們最主要的休閒阻礙之一，例如有些人常覺得假日好無聊而不知該做什麼。另外，自由時間能否有效安排因人而異，好比重視時間管理的人常會有計畫的安排自己的休閒生活，不至於讓自己閒得發慌。上述這些議題亦是未來運動休閒發展上的聚焦之處。

五、重視特殊休閒族群

　　根據內政部主計處2010年的資料顯示，至2009年9月底止，臺灣領有身心障礙手冊之人數約有106.1萬人，約占總人口的4.6%，其中有超過半數是疾病所造成，其次為先天性與意外或交通事故等原因。由上述數據可知，我國身心障礙者人數逐年增加，尤其以肢體障礙者為最大宗，因此如何解決身心障礙者的需求成了相關單位的首要之務，尤其參與運動休閒活動不僅為身心障礙者帶來生理、

自由時間管理著重在可自行支配與選擇的自主性上（揚智
文化提供）

心理以及社交的效益，同時減少社會照護成本與國家醫療資源，進
而滿足其與一般人一樣享受生活的欲望與需求。未來運動休閒相關
產業應該結合政府資源提供相關的協助，例如休閒治療這塊領域，
有些休閒治療師會採用馬匹來輔助特殊患者，因為馬背具有節奏的
震動可以協助身體殘障人士調節呼吸，改善睡眠。未來主管機關應
提供或結合民間資源，提供多樣的治療方式，如閱讀治療、藝術治
療、遊戲治療、音樂治療等，替特殊族群發展多樣的運動休閒活
動。

六、拓展女性運動休閒市場

當代人們的休閒取向深受文化的影響，意即文化透過人們所擁有之獨特的生活方式而形塑，它包括社會中每一分子從社會體系中所習得的習慣或是信念。例如傳統華人文化中，基於一些社會規範的限制，致使女性不能和男性一樣自由的去從事一些活動，這樣的文化使得男性從小就被教導要剛毅堅強，女性則要溫柔婉約，如此天壤地別的價值人生觀自然反映在運動休閒活動的參與上。然而，隨著女權的高漲以及女力的提升，女性在運動休閒活動上已不再如以往處於劣勢，例如我國的江秀真便是全球首位完成攀七頂峰加上聖母峰南北側都登頂的女性，其他諸如拔河、網球、射箭等運動上，女性運動員也展現其天分和苦練成果，這樣的輝煌成就也突顯了女性在休閒市場能夠得到更多的關注；尤其在現今市場區隔漸細的時代，運動休閒產業不僅朝多樣化的產品與彈性化的服務前進，同時也用心打造個人化的服務，例如愈來愈多的運動休閒場所都呈現出一種友善對待女性的氛圍；此外，一些運動用品也針對女性設立獨立專區，透過暖性色調以及運動時尚風來傳達出寵愛自己的訴求。誠如Pine和Gilmore所言（夏業良、魯煒譯，2003）：「將娛樂、教育、逃避現實、審美、健康五大領域融入日常的生活空間，已成為當前體驗經濟消費趨勢的主要訴求，產品愈能將消費者體驗及感受差異化，就愈能創造產品的差異化，不僅擴大消費市場商機，亦為決定市場經濟價值與產業創新求存的關鍵。因此，未來運動相關產業針對女性市場應該投注更多的關愛眼神。」

七、深化運動休閒型態

隨著社會多元化的發展，不同的運動休閒型態也相繼吸引著特定的族群，不少國家亦將其視為發展策略中重要的一環。對於那些離開原有生活圈的人們，其前往他地進行短暫性的停留並參與各項運動休閒活動，不僅僅是藉以瞭解當地的風俗民情，他們更希望獲得不同的人生體驗，這種終身難忘的體驗有可能源於人們對目的地整體意象的態度，例如有些人對於加拿大落磯山脈的遼闊景緻覺得壯麗，然而對於一些愛好刺激的人而言，可能覺得過於單調。因此，未來運動休閒產業應深耕多樣的市場，例如生態旅遊、冒險體驗，或者是深度又具主題性的活動，讓不同的消費者能針對自己的喜好選擇合宜的活動。

八、導入科技產品

科技的進步衍生了新興的運動休閒產品與服務，例如在任天堂紅白機的年代，能讓讓瑪莉兄弟不斷地在跳躍中奪取寶藏然後通過重重關卡已是最大的滿足，然而誰又會想到不過數十年的光景，Wii遊戲機竟然能讓人們在客廳對著螢幕跳舞或是打網球，這是科技產品的貢獻之一，儘管它也改變了部分人的休閒型態。又如戶外休閒用品近來著重新材料運動，如Clima Cool、Gore-Texr，同時標榜輕盈、安全、舒適性及符合人性，這些都需要高科技的介入才能達成，運動產品大廠Adidas甚至於2010年3月推出miCoach虛擬跑步教練裝置，不僅監控跑者的心律、步速、距離、步頻等，更透過中

文語音教練指導跑者何時該加速或減速。以上這些例子說明了欲提升運動休閒產業的競爭力，除瞭解全球市場的需求與流行趨勢的脈動外，更須掌握運動休閒產品設計方向，以符合消費者的需求和習慣，透過不斷地研發創新產品附加價值擁有拓展運動休閒產品全球商機的利基。

九、關注全球化的衝擊

由於媒體的報導以及眾多運動的興盛，全球化的議題方興未艾。全球化提供了運動休閒市場嶄新的機會和挑戰，許多運動休閒項目已離開其發源地推展至其他國家，更重要的是，有些運動休閒活動因此趨勢而變得愈來愈熱門，例如直排輪曲棍球、極限運動等等，由於現今運動休閒的擴散方式是將其視為一種商品，以市場娛樂導向在全世界進行推廣，因此運動休閒相關產業面對這股浪潮也必須以創新的經營管理理念來經營，同時掌握世界脈動，進而提供更好的產品與服務給社會大眾。

▶ 結語

運動休閒市場需要多方共同培育，從管理的角度而言，完善的基礎建設以及健全的產業環境乃是促進運動休閒產業發展的利基；從消費者的角度而論，運動休閒方式的選擇和休閒教育有密不可分的關係。然而，無論從管理者或是消費者角度出發，基本要件是對於運動休閒趨勢和發展有一定程度的瞭解，如此方能做更完善的規劃以及產生更多的運動休閒機會。

問題討論

一、運動休閒發展趨勢的多元樣貌可以從哪幾個角度切入
　　並加以分析？

二、社會網絡的緊密與否和運動休閒發展的關係為何？

三、請試著舉出一項日常生活消費來說明體驗經濟。

四、請嘗試列出您對運動休閒未來發展趨勢的觀點。

參考文獻

一、中文部分

內政部統計處（2010）。99年第四週內政統計通報（98年底人口結構分析）。http://www.moi.gov.tw/stat，檢索日期：2011年3月19日。

行政院主計處（2010）。《國情統計通報》。http://www.dgbas.gov.tw/public/Data/91221613471.pdf，檢索日期：2011年3月21日。

吳英偉、陳慧玲譯（1996），Patricia A. Stokowski著。《休閒社會學》（*Leisure in Society*）。臺北：五南。

夏業良、魯煒譯（2003），B. Joseph Pine II與James H. Gilmore著。《體驗經濟時代》（*The Experience Economy: Work Is Theatre & Every Business A Stage*）。臺北：經濟新潮社。

馬惠娣（2004）。《休閒：人類美麗的精神家園》。北京：中國經濟出版社。

張曉（2006）。〈多元化社會中的休閒價值觀〉。http://www.chineseleisure.org/20060118/2006011805.htm.，檢索日期：2011年3月21日。

許志賢（2002）。〈休閒活動介入生活的認知與技巧之探討〉，《國立臺灣體育學院學報》。第11期，頁51-59。

陳秋玫譯（1999），Andrew, C.原著。《休閒與運動經濟學》。臺北：五南。

游國謙（2009）。創業家講座創意品牌行銷，〈都是為了一場精彩的演出〉。運動休閒產業管理學術研討會。

葉怡矜、吳崇旗、王偉琴、顏伽如、林禹良（2005）等譯，Geoffrey Godbye著。《休閒遊憩概論：探索生命中的休閒》（*Leisure in Your Life: An Exploration*）。臺北：品度。

廖德琦（2007）。〈醫療觀光，臺灣新錢途〉，《新臺灣新聞週刊》。第584期，頁58-59。

二、外文部分

Wasserman, S. & Faust, K. (1994). *Social Network Analysis: Methods and Applications*. New York: Cambridge University Press.

Wellman, B. (1988). Structural analysis: From method and metaphor to theory and substance, 19-61 in Wellman and Berkowitz (Eds.). *Social Structures: A Network Approach*. Cambridge: Cambridge University Press.

Chapter 6
運動休閒產業行銷與推廣

紀璟琳

單元摘要

運動休閒產業持續以驚人的速度在成長，諸多國際知名企業對於運動行銷策略是非常重視的，像SONY、可口可樂、麥當勞等知名企業會經常性地舉辦運動賽事或進行運動贊助。瞭解運動休閒產業的行銷方法與推廣方式，對企業形象與知名度的提升影響是非常大的。

學習目標

- 瞭解運動休閒產業的行銷5P
- 瞭解運動休閒產業行銷的要素、策略、系統等項目間的相依性

▶ 第一節　何謂運動休閒產業 ——————

　　行政院曾於2004年初將運動休閒列入「產業高值化計畫」四大重點產業之一，行政院經濟建設委員會隨後於其所訂之「觀光及運動休閒服務業發展綱領與行動方案」中，訂定全國運動人口於2007年倍增計畫，其後每年續增50萬人，俾逐步形成龐大關聯服務產業網路的政策目標（行政院經濟建設委員會，2004）。目前國內運動休閒產業在週休二日的政策推展與休閒風氣興盛的幫助，與經濟成長及所得提高的狀況下，人們有了更多的時間及較充裕的財務狀況來參與休閒活動，間接加速運動休閒產業的蓬勃發展。在網路、電視、新聞等媒體的曝光造勢之下，人們參與運動休閒的風氣愈來愈高，在運動休閒產業產值方面也創造出驚人的經濟效益；運動休閒業是一項發展中的產業，目前尚無明確的標準定義能將運動休閒產業做一仔細分類。行政院體委會2004年的委託研究報告，曾依據《91年運動產業名錄》（林房儹，2003）及行政院主計處的「90年工商及服務業普查報告」（行政院主計處，2001），將其歸納出下列八個類別：(1) 運動用品與器材批發及零售業；(2) 運動及娛樂用品租賃業；(3) 運動休閒管理顧問業；(4) 運動休閒教育服務業；(5) 運動傳播業；(6) 運動表演業；(7) 職業運動業；(8) 運動場館業等，這都是屬於運動休閒產業的一部分。簡單來說，舉凡可以提供各種有形或無形的運動休閒活動或服務，藉以滿足人們多樣化運動休閒需求的行業，即所謂「運動休閒產業」。

　　運動休閒產業主要由運動休閒商品生產以及經營管理所構成，其經濟效益涵蓋之大，不可小覷。運動休閒產業可包括運動、藝

旅遊與觀光、戶外遊憩等均可歸入運動休閒產業的範疇
（圖為花蓮鯉魚潭，紀璟琳提供）

術、流行、娛樂、戶外遊憩、大眾媒體、旅遊與觀光等方面（王昭正譯，2001）。涂淑芳（1996）則較為詳細的分出十三項休閒活動，其中包括公園與森林、戶外遊憩、水域遊憩、露營、運動與競賽遊戲、體適能活動、慢跑、有氧運動、藝術嗜好與手工藝創作、電視觀賞、閱讀、宗教信仰、觀光等，所以具有滿足人們從事上述休閒活動時所需的行業，皆可稱為運動休閒產業。

　　在探討運動休閒產業行銷與管理之前，要先瞭解什麼是運動休閒產業。

一、國外學者部分

1. Pitts（1994）的研究以產品和消費者為區隔方式，將運動休閒產業劃分為三種產業區隔：運動表現產業、運動產品產業、運動促銷產業。

2. Meek（1997）亦將運動產業按照產品內容分成三大類，包括：

   (1) 運動休閒娛樂：運動競賽、運動明星、運動傳媒，或者一般人可參與的活動，例如慢跑、游泳、網球、籃球、高爾夫等活動。

   (2) 運動商品：各種運動用品，如運動護具、運動服裝、運動器材等。

   (3) 運動組織：如運動管理公司、運動經紀公司，或職業球隊或運動協會等。

二、國內學者部分

葉公鼎（2001）將運動休閒產業分為運動核心產業及運動周邊產業：

1. **運動核心產業**：意指運動休閒行為發生的中心基礎產業，若缺乏這些產業，運動休閒行為則很難發展。運動核心產業又可分為參與性運動服務業、觀賞性運動服務業、運動專業證照服務業、運動設施建築業、運動設施營建業、體育用品製造業、運動用品販售業等。

2. **運動周邊產業**：指因運動核心產業之帶動所產生的相關產業。包括授權商品銷售業、運動促銷服務業、運動大眾傳播業、運動資訊出版業、體育運動行政組織服務業、運動管理服務產業、合法性運動博奕業、運動旅遊業、運動歷史文物業等。

▶ 第二節　行銷的要素 ─────────

　　行銷的目的旨在實現潛在的交易，滿足人類需要及欲求。因此，行銷是與市場發生關聯的相關人際活動。行銷學大師Philip Kotler認為，行銷是一種社會和管理過程，藉由這個過程，個人和群體經創造並和其他人交換產品與價值，從而獲得他們所需要和所需求的物品或感受。美國行銷學會（American Marketing Association，簡稱AMA）在1995年公布行銷的定義為：「行銷是規劃與執行有關觀念、商品、服務、事件的形成、定價、推廣及分配等過程；其目的在於能夠創造滿足個人和組織目標的交換。」

一、行銷5P

(一) 產品（product）

　　產品是行銷最基本的必備要素。可以是單一商品或是系列商品，例如想開運動用品店，必須要先把想賣的內容明確的定出來，確認是要賣綜合性運動商品，或者只是單一類別的運動商品。

(二) 定價（price）

為產品訂定價格除了要考慮產品的製作成本與獲利之外，更要考慮到消費者的接受度，因此如何為產品訂定一個商品提供者與消費者雙方都可接受的價格是非常重要的，定價策略有攻擊型定價、或以消費者為中心的定價、或防禦型定價等。

(三) 通路（place）

這要素決定要採取哪一種行銷通路來推銷產品。建議可以利用市場區隔做一完善的規劃。例如用傳統店面去從事有關運動休閒的行銷，或者利用網路去做這方面的行銷，未來所進行的方式與準備走向會有非常大的不同。

(四) 促銷（promotion）

可以為產品定期設計一些優惠的行銷方案，以提升行銷成績；或者搭配不同的產品做運動休閒產業的行銷。

(五) 人（people）

人可以代表消費者，因為產品的最終目的地就是要到達消費者的手中，也是整個行銷過程中的需求者。

二、行銷5C

(一) 顧客導向（customer orientation）

許多行銷上的失敗大多是由於未能把握消費者的導向所致。即要以滿足顧客的現實需求為經營的出發點，這是得以生存的基礎。

基於這樣一個觀念，要特別注重消費者的消費能力、消費偏好以及消費行為的調查和分析，重視新商品或勞務的開發和行銷策略的創新，隨時調整並迎合顧客的需求。顧客導向是整個行銷導向的核心，也是其他營銷導向的基礎，它所強調的是要避免偏離消費者的實際需求或對市場的主觀的判定。

(二) 創造導向（creativity orientation）

創造導向在於創造顧客需求而不僅僅是服從顧客需求，不隨時跟著市場變化而創新很容易被市場淘汰。不僅要滿足消費者的現實需求，而且要創造出新產品、新勞務來滿足消費者的實際需求或潛在需求。創造導向的本質在於經營者要站在市場行銷活動的前端，事先創造和發掘消費者的潛在需求，主動積極地為消費者提供他們可能沒有發覺到，但是實際上可能存在需求的產品或勞務。因此要注重調查、分析和研究統計市場變動，發掘顧客的需求趨向，從而預測出顧客未來的消費趨勢。開發新產品或勞務投入市場，較能增加消費者需求的滿足感。實際上，新行業或新業務的出現，就是創造新市場需求的結果。因此，顧客需求的變化不僅在於顧客本身的消費能力或偏好的變化，也在於主動不斷的開發與創造。

(三) 引導導向（conduct orientation）

即不僅要滿足消費者的現實需求和潛在需求，而且要正確的引導消費者的消費方向，使顧客的各種消費走向與結構走入企業事先預定的消費目標。這個導向取決於三個要素：政府的有關產業政策、資源供應與配置狀況和企業自身的發展戰略。企業透過市場營銷活動引導顧客的消費心理和消費行為，使消費者消費的整個過程不但符合自身的利益，又能兼顧企業和國家利益。有些運動休閒產

業活動的行銷成效不佳，有時並不是消費者不願接受或者消費力不夠，而是對消費者的事先的研究與引導嚴重不足。

(四) 競爭導向（competition orientation）

行銷活動不僅要考量到消費者的需求，而且要隨時觀察競爭對手的行銷策略。尤其是在價格訂定和行銷手法方面，更要能隨時把握對手的動態與狀況而訂定最合適的行銷策略，以取得競爭優勢。當競爭激烈或經營體質較弱時，企業必須避免直接的競爭衝突，可先選擇有利於自身的營銷策略。例如在選擇目標市場時，可採用差別行銷或密集式行銷；在定價時，可採用低價行銷或者鎖定金字塔頂端的高價策略，並配合優質的服務和有效的促銷，創造最大優勢。即使在經營體質較好時，也必須審慎地面對競爭對手，只要抓住有利時機，選擇正確的策略，發揮經營與行銷的優勢，找出對手的弱點，就可在激烈的市場競爭中處於不敗之地。

(五) 協調導向（coordination orientation）

協調導向包括兩個方面：(1) 當經營者雙方的競爭已成為惡性競爭造成資源浪費，甚至可能導致兩敗俱傷時，經營者間可以選擇合作與協調而不是直接競爭，有時候經過協調有可能讓原本已經準備廝殺的雙方得以協調甚至合併，創造雙贏的局面；(2) 當經營者直接面對的消費者並非最末端的對象時，經營者必須居間協商與幫忙溝通，充分發掘消費者的實際需要，並且訂定行銷策略，盡其所能的滿足消費者的需求。

三、行銷的策略與系統

　　Bearden、Ingram和LaForge（1995）指出行銷策略（marketing strategies）之STP流程，此即是行銷學上常稱的所謂STP流程（STP process）；其中S指的是「市場區隔化」（segmentation），T指的是「選擇目標市場」（market targeting），而P指的是「市場定位」（positioning）。當公司在推出一項新產品時，必定要選定其區隔市場的因素，這些因素可能是年齡、所得、性別或職業等，當選定完區隔變數之後，接下來就要選擇目標市場，最後針對這個目標市場，訂定一些能夠留給目標市場消費者鮮明印象和看法的策略，即為市場定位。

　　在行銷組合方面，最優先的考量便是目標市場的明確化與企業在市場上的定位。隨著目標族群的生活意識或消費行為、生活方式不同，價格戰與促銷戰所擬定的策略便有所不同。且企業在市場上的定位如何，更是影響未來各種行銷計畫的執行。在預設的目標市場中，為達到所期待的行銷目標所構成的組織體系或是各樣系統的總稱便是行銷系統，茲分以下四項進行說明：

1. 行銷部門：管理市場行銷活動的部門。由負責營業、市場調查與促銷、消費者服務、市場計畫等等的工作小組所構成。
2. 情報資訊：從消費者的詢問服務到訂單的處理與整理，蒐集市場情報，預測市場規模或自己公司的商品銷售預估數字，可主動對消費者進行相關調查，並分析各種營業額與損益的實際績效，構築一個效率佳的資訊系統。
3. 計畫系統：計畫系統是擬定、檢討、確認事業部全體的年度

營業額、收入目標或事業策略等的組織架構。目標確認以後，針對銷售地區或各個營業單位分派任務。另外，包括行銷預算也按計畫在各個地域或區域執行。

4. **控制系統**：在把握銷售狀況的當下，也必須將銷售上的問題明確化，進而提升效率，並在適當的時間提供改善的建議與事項，例如指出行銷方式的混合是否適當、營業部門是否能有效利用時間、行銷宣傳預算的使用是否有效率、同樣活動在不同地方的營業額為何出現差異等等問題，然後再進行調查、分析。

▷ 第三節　運動休閒產業的行銷特性 ——

運動休閒產業的行銷特性如下：

1. **群聚效應**：在同一地區的運動休閒產業，經常會出現類似性質的產業或相關的行業聚集的情況，當下對於消費者而言，產業聚集可使運動休閒時的選擇性增加，所提供的服務也會更加多元化，因此加強消費者對於前往該處的動力（杜淑芬，1998）。在這個情況下，群聚的產業可以進一步以聯合行銷的方式來擴大宣傳，以降低行銷的成本，並達到宣傳的效果（胡夢蕾，2000）。所以，運動休閒產業在行銷策略的擬定上，需要考量產業群聚所帶來的影響。

2. **消費者忠誠度**：消費者的再次回流消費是企業經營的利潤重心（杜淑芬，1998），陳思倫（1998）對於國民旅社的研究當中，認為開發一個新消費者比維持一個舊有消費者所需的

成本更加昂貴，故必須提升旅社再宿意願。所以消費者忠誠度對於運動休閒產業來說具有相當的重要性。

3. **品牌形象**：胡夢蕾（2000）認為，品牌是消費者用以區別各種企業或餐廳的指標，所以品牌是產品差異化的來源之一，像遊樂區可以藉由各種促銷方式，使產品在消費者心中產生知覺，也就是產生品牌形象。提升品牌形象的方式中，可藉由行銷活動提升產品與服務的品牌知名度（陳思倫、歐聖榮、林連聰，1998）；另外，相關性質的運動休閒產業經營者也可以利用聯合促銷的方式來達到提升品牌形象的目的。

4. **市場與產品的區隔定位**：黃榮鵬（2002）認為，旅行社必須以明確的市場區隔來維持良好的市場環境，有明確的定位，才能進一步知道目標消費者的需求，針對消費的決策者進行促銷，方能達到真正的效益。因此，運動休閒產業需以產品定位及市場區隔作為行銷策略基礎。

5. **加盟式經營**：運動休閒產業中，由於所提供的服務產品受到地點固定而不可移動之影響，因此經常以連鎖的經營方式提供相同或相似的服務，杜淑芬（1998）認為，加盟連鎖式經營與獨立經營的差異在於連鎖企業提供產品或名稱識別上的一致性，較容易在消費者的心中產生形象、定位與品質上的聯想，而且連鎖經營的企業在財力上較為雄厚，可以對全國的消費者進行行銷。

問題討論

一、何謂行銷？
二、何謂運動休閒產業的行銷？
三、何謂運動行銷的要素？

參考文獻

一、中文部分

方世榮譯（2000），Philip Kotler著。《行銷管理學》。臺北：東華。

王昭正譯（2001），John R. Kelly著。《休閒導論》。臺北：品度。

行政院主計處（2001）。《90年工商及服務業普查》。臺北：行政院主計處。

行政院經濟建設委員會（2004）。「觀光及運動休閒服務業發展綱領及行動方案」，http://www.cepd.gov.tw/upload/SECT/Smile/SmileAction/6@60264.33505140394@.doc，檢索日期：2010年12月9日。

杜淑芬（1998）。《休閒遊憩事業的企業化經營》。臺北：品度。

林房儧（2003）。《91年運動產業名錄》。臺北：臺灣體育運動管理學會。

林房儧、林文郎、莊木貴、黃煜、張振崗、呂佳霙、王慶堂（2004）。《我國運動休閒產業發展策略之研究》。臺北：行政院體育委員會。

胡夢蕾（2000）。《餐飲行銷實務》。臺北：揚智。

涂淑芳譯（1996），Gene Bammel與Leilane Burrus-Bammel著。《休閒與人類行為》。臺北：桂冠。

陳思倫、歐聖榮、林連聰（1998）。《休閒遊憩概論》。臺北：國立空中大學。

黃榮鵬（2002）。《旅遊銷售技巧》。臺北：揚智。

葉公鼎（2001）。〈論第一屆運動休閒產業博覽會的價值〉，《運動管理季刊》。第2期，頁97。

二、外文部分

Bearden, W. O, Ingram, T. N., & LaForge, R. W. (1995). Marketing: Principle & Perspectives, (Home wood, IL: Richard D. Irwin).

Meek, A. (1997). An estimate of the size and supported economic activity of the sports industry in the United States. *Sport Marketing Quarterly*, 6(4), 15-21.

Pitts, B. G., Fielding, L. W., & Miller. L. K. (1994). Industry segmentation theory and the sport industry developing a sport industry segment model. *Sport Marketing Quarterly*, 3(1), 15-24.

Chapter 7
特殊族群的休閒活動

紀璟琳

單元摘要

糖尿病患者、銀髮族、孕婦、肢障者的休閒活動安排與一般人有些不同的地方,也有些特別要注意的事項,適當的休閒活動不但可以讓這些特殊族群的人們鬆弛身心,增進身體健康,同時可以增加對自己本身的信心。

學習目標

■ 瞭解特殊族群的休閒活動有哪些項目
■ 瞭解其他類特殊族群休閒活動的項目與應注意事項

▶ 第一節　糖尿病患

一、患者症狀

　　一般來說，身體將吃進去的澱粉類食物經由身體機制轉變成葡萄糖，作為身體的能量與動力來源；而胰島素是由胰臟所製造的一種荷爾蒙，它能讓葡萄糖進入細胞內，提供身體所需的熱能。糖尿病形成原因指的是，人體內的胰臟不能製造足夠的胰島素，導致葡萄糖無法充分進入細胞內，此時身體內的血糖濃度就會升高，造成尿中有糖分的現象，同時也造成蛋白質和脂肪代謝不正常。

　　糖尿病患者會有三多的症狀，即吃多、喝多、尿多：

1. 患者會吃多，是因為身體無法有效利用體內的碳水化合物，間接引起體內蛋白質與脂肪的消耗，而引起飢餓，造成患者食量增加。
2. 患者會喝多，是因為尿量的增加，使得大量水分及鹽分隨著尿液被排出體外，造成脫水，間接導致口渴，自然會增加喝水的量以補充體內的水分。
3. 患者會尿多，是因為原本正常身體機能下的胰島素，可使多餘的葡萄糖存放於肌肉或肝臟，一旦此過程無法進行的話，血糖自然會上升，引起高血糖症，而糖分再經由尿液中排出，造成糖尿，因腎臟過濾的糖分也會上升，而形成滲透性利尿，尿量自然會增加。

　　有關糖尿病患者運動應注意的，除了正確適量的運動可以改善血糖控制外，還可以幫助患者維持體重於理想的範圍，更可以間接預防糖尿病長期的併發症，例如改善異常的血脂肪與控制血壓後，也同時可降低心臟血管疾病等病狀發生的機率。糖尿病患者適合的休閒活動有健身操、散步、有氧舞蹈、慢跑、氣功、太極拳、騎單車等，避免運動過於激烈，每天從事一次適當的運動即可，對於胰島素依賴型的糖尿病患者，最好每天在固定時間運動，一週至少三次，一次三十分鐘，運動強度為最大運動攝氧量的40％至80％（或最大運動心跳數的60％至85％，最大運動心跳數的演算法為220減掉年齡）；非胰島素依賴型的糖尿患者，每週至少應運動五次，每次四十至六十分鐘，這樣才能增加熱量消耗並幫助減重，因其運動時間較長，故強度可略低，採最大運動心跳數的60％至70％即可。但是有很多要注意與應該遵守的地方，這樣才不會讓運動的效果大打折扣，甚至造成反效果。

　　糖尿病患者在參與任何運動前，應先做詳細的身體檢查，例如檢查有無神經方面的病變、視網膜病變、肥胖及血管病變，最好是可以安排一些簡單的體適能檢測，藉以瞭解患者的基本體能狀況，而且患者最好在運動前要先瞭解自己的血糖指數再去運動比較安全。平常有定時注射胰島素患者，更要在運動前先測量血糖，適時補充食物再去運動。

二、注意事項

　　糖尿病患者運動時的應注意事項：

1. 運動會消耗身體組織的糖分後釋出人體所需能量，而糖尿病

患者可能會因體內血糖過低而產生危險，此時可以由飲食與藥物來防止危險情形發生：一般需注射胰島素的患者運動若持續半小時以上，應先補充餅乾或牛奶。但對於非胰島素依賴型肥胖患者在運動前後不需要額外補充食物，只需補充水分。運動時須隨身攜帶高糖的食物（如糖果或巧克力），一旦血糖降低時要立即食用。糖尿病患者在注射胰島素時要根據血糖濃度調整胰島素的注射量，同時應避開胰島素降血糖作用最強的時段從事運動，以避免低血糖。注射胰島素的患者要選擇適當的注射部位，例如跑步時不宜注射在下肢，在食物、藥物與運動三方面兼顧下，糖尿病患者從事運動時才會發揮最佳的運動效果，並同時能將血糖控制在適當範圍。

2. 糖尿病患者在運動前要做伸展運動，患者運動時最好結伴而行，不要獨自從事運動以免發生意外時求助無援，且須視個人體適能與個人條件選擇適當的方式，做全身性且使用身體的大肌肉群，有節奏、有韻律性的有氧運動，患者最好可以學會正確的測量自己的脈搏數或心跳，這樣除了可以讓運動過程更安全，也可以隨時調整運動的強度，在適當的能力下從事運動，並要注意適時的補充水分。

3. 有周邊神經病變併發症的糖尿病患者，可以從事一些非負重式運動，如游泳與騎單車，並應隨時檢查肢體是否有紅腫或破皮等現象，患者應穿著適當的運動鞋與運動襪保護腳部；另外，有周邊血管疾病併發症的糖尿病患者，可採負重式運動（如慢跑或簡單的重量訓練動作）以改善其症狀，但剛開始時患者可能無法忍受疼痛，所以可以先從事一些簡單的動作，再逐漸進行至負重式運動。

糖尿病患者需持之以恆的運動，才能改善血糖與胰島素之間的協調關係。規律持續的運動加上積極飲食控制，按時服用藥物並配合隨時注意自身的血糖指數，才能對糖尿病有良好的控制。

▶ 第二節　銀髮族 ─────────

一、時代的演進

隨著醫學科技的進步，使得國人的平均壽命增加，隨著老年人口增加，國民生活素質的提升後，銀髮族的休閒產業發展空間非常大。聯合國世界衛生組織將六十五歲以上人口占其總人口比率在7%以上的國家，定義為「高齡化社會」。根據行政院主計處的統計資料顯示，隨著教育水準的提高與國人傳統觀念之改變，臺灣地區人口生育率逐漸下降，加上衛生醫療的進步與平均壽命之延長等因素，已在1993年9月正式邁入高齡化社會，而行政院經建會更預估未來在2010至2019年左右老年人口（六十五歲以上）占總人口比率將升高為16.5%，2036年後更升高為21.6%。由此可見隨著環境、醫療與科技等的進步，高齡族群已呈現快速增加的現象。另外，根據工研院調查發現，六十歲以上的銀髮族對於健康、休閒需求的迫切性，大於食衣住行的基本需求，研究中發現銀髮族對健康照顧計畫或身體機能退化等問題，都有迫切需求。

銀髮族邁入老年生活後至少仍有十年甚至二十年以上的人生歲月，若無法有效的利用空閒時間，可能會衍生出更多老年人在心理、家庭甚至社會上的連鎖問題。呂寶靜（1996）指出，老人需要參與一些活動，藉由活動來獲得生活上的滿意感或幸福感，由此

可知休閒活動對老人的重要。一個人進入老年以後，體力會降低很快，無法從事較繁重的工作或動作，如果能善加利用閒暇的時間，不僅能充實其生活，更有益於社會國家。

內政部委託中央大學統計研究所進行的臺閩地區老人狀況調查報告中指出，老人對自我健康狀況的評估，結果中以好與非常好者最多，占41%，其次為普通者占37%，再次為不好與非常不好者占22%，而有52%的老人覺得十分需要休閒活動相關的福利措施。

隨著年齡的增長，老人在身體結構和機能等方面都會呈現衰退的現象。黃耀榮（1996）在對全國共四百二十八名銀髮族的人體調查研究中，發現成年者至高齡者階段肢體老化現象呈均勻縮小狀態，而高齡族群之老化則隨年齡增加而有上半身部位縮小程度、人體寬度及厚度在下半身部位愈趨明顯的現象。

二、休閒活動方式

盧英娟與李明榮（2001）研究指出，高齡者從事的休閒活動需能持續使用身體的各肌肉群和關節部位，以免喪失肌力和柔軟度。在從事休閒活動時，需要與不同的人接觸，相互聯繫保持友誼，隨時學習新的事物和發展新的興趣或嗜好，這樣不但能讓銀髮族在晚年的退休生活中有安全感、並能維持一定的自信心，及肯定自我的價值。國外學者的相關研究指出，高齡者可藉由休閒活動的參與，來協助適應及維持生活滿足感，且參與休閒活動頻率愈高的老人，其生活滿意度愈高。楊惠芳（1990）指出，高齡者參與休閒活動的好處很多，包括提升腦部功能的整合、降低喪失記憶力提早發生的機率、減少疾病發生、改善神經傳導等。根據施清發等人（1990）對銀髮族的休閒體驗與休閒參與程度的研究中，發現受訪高齡者最

旅遊觀光的靜態休閒活動亦有為數不少的銀髮族群選擇參與
（圖為南投縣魚池鄉，紀璟琳提供）

常從事的休閒活動依序為散步、唱歌、下棋或打牌等靜態性活動；
陳文喜（1999）認為適合老人的休閒活動項目有太極拳、氣功、爬
山、下棋、散步、慢跑等。此外張光達（1999）亦指出，高齡者因
為生活步調較一般人慢，所以在選擇休閒生活的動機上偏向恬淡悠
閒，滿足空閒時間的利用居多，同時大多數的研究基於銀髮族體能
上的狀況，亦都支持其多從事消遣性的靜態休閒活動。

　　臺灣地區銀髮族群休閒活動方式一般說來約有下列五種：

1. **社交團體**：人類是群聚動物，而且有一種互相歸屬心理；每
　 一個人都需要追求他人與自己的友誼及情誼，透過相關社交
　 活動或聚會可以使參加的人相互認識，進而讓彼此間感情更
　 加深刻。這種團體活動。通常以餐敘、下棋、唱歌、茶會、

酒會等方式進行。

2. 文化藝術：文化是人類社會的特殊產物，這是一般動物所遠遠不及的，從事這方面的休閒活動，就稱之為文化活動。這類活動大部分是基於每個人不同的興趣與嗜好而設計安排。對銀髮族群來說，大都是藝文觀賞、相關節慶祭典活動的參與為主，如藝術展、音樂表演、戲劇、廣播、電視、電影的欣賞等。

3. 運動健身：此專指較能使心肺功能負擔增加或身體大肌肉群運作的體育活動，因此更要特別注意運動傷害的安全預防。對銀髮族群來說，通常包括了健行、散步、羽球、木球、太極拳、土風舞、元極舞等。

1990年由臺灣人發明的木球運動，起初便是為供年邁父親活動而有的發想，是相當適合男女老少的全民運動（圖為木球設備，紀璟琳提供）

4. **旅遊觀光**：一種專指在戶外、自然的環境中進行的休閒活動；地點與旅遊方式完全隨個人或團體的意思進行。對銀髮族來說，通常包括了國內外旅遊等。身體狀況不錯者，可嘗試難度稍加高一些的登山活動，這也是一項很好的方式。

5. **其他活動**：許多退休的老年人本身具有各方面的專業或技藝，他們可以在相關的協會或機構從事社會服務、經驗傳承的工作，不但本身可擔任諮商的工作讓年輕人向他們請益；同時對他們的身心健康也有非常大的助益，可說是一種雙贏的活動。

▶ 第三節　孕婦

　　孕婦正常的懷孕週期約為四十個星期，大約是十個月，婦女從開始懷孕，體內就會產生一連串的生理變化，隨著懷孕週數的增加，生理變化也是循序漸進的，有些生理甚至心理上的變化會一直持續到產後階段。根據不同懷孕時期的生理特性可將懷孕期分為三個時期，一般而言將每三個月劃分為一期：第一期為初期，是指第一到三個月；第二期為中期，是指第四到六個月；第三期為後期，從第七個月開始一直到生產。工作忙碌使得人們缺乏休閒運動是現代人的通病，對於懷孕的婦女來說，漫長的十個月的懷孕歲月，瞭解自己能做哪些休閒運動，且哪些活動能帶給本身什麼好處，對胎兒與孕婦而言是相當重要的，特別是對於那些平時就有休閒活動習慣的人，一天沒有活動，可能就覺得渾身不太對勁。根據國外的研究顯示，從事適當的休閒運動對孕婦產生的新陳代謝、血液變化等方面的影響對胎兒是非常正面的，同時也可以避免孕婦體能的快速

衰退，避免疲勞。當孕婦在生產前有適當的運動休閒時，也能使孕婦身體上的肌肉維持一定的肌力，使得生產過程更為順利，好處非常多。懷孕時母體會產生許多生理上的變化，在從事任何休閒活動前應該注意下列事項：

1. 心臟血管系統：心臟與血管系統的變化對母體和胎兒健康的影響很大，主要是因為胎盤和胎兒之間的互相循環作用。懷孕期間為了供給胎盤適當的養分和補償分娩時喪失的血液，所以母體的血液量、心輸出量和安靜心跳率會增加，血液循環的阻力會較低。第一期之後在仰臥的姿勢時，由於增大的子宮會壓迫下肢靜脈，使得靜脈血液回流減少，心臟輸出的血量下降，使血壓下降，因此有些孕婦可能會出現仰臥低血壓症候群的症狀，例如反胃感覺、暈眩感或呼吸困難，這時候如果改為側躺的話，就可以消除這種症狀。如果孕婦站立過久，會造成血液滯留下肢部位，回流到心臟的血液相對變少，就有可能會發生低血壓的情形。孕婦在懷孕期間，血管會變得比較柔軟，且可能會因血液量增加而被伸展，有可能會造成靜脈曲張、痔瘡的現象。但有些孕婦的血管不會被撐大反而會縮窄，進而造成血壓上升，亦即妊娠引起的高血壓，這是非常危險的，症狀包括突然的水腫、視力模糊及嚴重的頭痛等。

2. 呼吸系統：懷孕時由於子宮漸漸增大會推擠到橫膈膜，使得肺和胸腔受到壓力，呼吸會變得比較吃力，有時候甚至會覺得喘不過氣，所以孕婦對氧氣的攝取量也會增加。

3. 肌肉和關節系統：懷孕期為了有利於生產，母體會自然分泌較多的鬆弛素，使身體內的結締組織變得較為柔軟而更容易伸展，但有可能因此影響關節的穩定度，所以孕婦在從事休

閒活動時要注意避免扭傷。同時孕婦由於子宮逐漸增大,造成重心向前傾,會影響身體的平衡,為了維持身體平衡,孕婦只好將雙肩自然往後移,這種雙肩往後和腹部向前凸的積壓結果很容易造成脊椎前彎,這不良的姿勢同時會引起背痛和肌肉痙攣的毛病。

4. 消化系統:孕婦在懷孕期間的荷爾蒙變化會使得胃腸的活動變慢,加上體積變大的子宮會把胃腸往上推,孕婦可能會有胃灼熱及消化不良的情形。所以孕婦在從事休閒運動之前要注意飲食方面的控制。

5. 泌尿系統的改變:孕婦懷孕後子宮變大並且會壓迫到膀胱,造成頻尿的情形,有些孕婦在懷孕期間會有漏尿的現象,體內水分的增加與滯留會造成腳部和踝部的腫脹,此時孕婦應注意做些有助於控制膀胱的骨盆肌肉收縮相關運動。

適合孕婦的休閒活動有散步、游泳、瑜伽等,基本上只要別太過於激烈的活動都適合這些辛苦的懷孕婦女,但從事休閒活動時要注意不能讓孕婦的心跳過快,儘量不要超過最大心率:

$$最大心率 = (220 - 年齡) \times 60\%$$

運動中孕婦如出現暈眩、噁心或疲勞等現象,最好立刻停止運動。孕婦在從事休閒活動時最好穿著寬鬆舒適的衣服,鞋子要輕便合腳;過程中要及時補充水分,防止虛脫;隨時注意身體保暖,避免著涼感冒;休閒活動場所最好選在空氣清新的場所,這樣對母體和胎兒的身心健康會有很大助益。因為每個孕婦的情況不太類似,

孕婦在從事任何休閒活動前最好先詢問醫師或相關專業人士後比較
安全。

▶ 第四節　肢障 ────────────

　　肢體障礙是指身體上的四肢或軀幹有缺陷，而失去正常的運
作功能與運動機能，使之在實際生活中發生困難的狀況。由於四肢
和軀幹是各種動作的主要部位，一旦肢體傷殘，便會立即而明顯的
造成生活上的不方便。所以在肢體方面有障礙的人簡稱肢障者，通
常來說行動不便就是肢障者最明顯的特徵。有些人的肢障情況非常
明顯，但也有些障礙並不明顯。肢障的發生一般是由於身體發展遲
緩，或由於疾病所導致的直接或間接影響（心肺系統、肌肉系統、
神經系統等疾病或病變），或者是意外傷害所造成的永久性障礙。
肢障當中又包括了小兒麻痺、腦性麻痺、脊髓損傷、截肢和其他類
別的肢體障礙，而肢障者運動人口當中目前以小兒麻痺居多。

　　肢體障礙的身心特質與行動機能正常的人有些不同，這是肢障
者在從事休閒活動時應該注意的；肢障者在肢體方面因外觀通常與
一般人有些不同，且行動受到不同程度的限制，需要使用輔助設施
或長期復建，較難勝任動作過大或太激烈的活動。肢體障礙者在心
理方面的心理特質與常人沒有太大的差異，但可能因為行動上的不
方便以及他人的好奇心、注視和同情心，會使肢體障礙者容易在心
理上處於緊張的狀態，有時會想偽裝自己、會有防衛心，且會容易
有較大的不安全感，較不能接納自己，對自己較沒自信心。也因為
行動上的不便，活動範圍受限制，因而產生孤立的傾向。部分肢障
者常有不喜歡麻煩別人、獨來獨往的情形，所以肢體障礙者在從事

休閒活動時除了可選擇的項目有一定的條件外，應該本身要事先做好心理調適與或心理建設，敞開心胸用開朗的心情來享受各種快樂的休閒活動。與常人比較起來，休閒運動對肢體障礙者而言更加重要，因為適當的休閒活動除可協助增進或恢復身體機能外，還可以讓肢障者更有自信進入社會生活、更加獨立。若政府或相關機構協會能夠推廣適合肢體障礙者的休閒活動，不但能幫助肢障者保持愉快心情、增進社會合諧互動，更能減少社會成本與國家資源，可以說是一舉數得的局面。近年來，相關民間團體逐漸在推動無障礙旅遊的概念，所謂「無障礙旅遊」其目的是使參與的人們在整個旅行過程中沒有障礙。無障礙環境的硬體設施需要較多的經費和時間才能趨於完善。劉碧珠（2003）的研究指出，肢體障礙者較少參與一般旅行社的團體旅遊，其原因有以下幾點：

1. 行程太趕，走馬看花。
2. 旅遊景點缺乏無障礙設施。
3. 旅遊景點困難抵達。
4. 氣候因素。
5. 缺乏時間。
6. 建築物出入口設計不便進出。
7. 旅遊景點人潮擁擠。
8. 相關地方缺乏專為肢障者設計之設施。
9. 體能不適合。
10. 陪同者會增加旅遊成本。

以上這些因素是肢障者在安排旅遊時應注意的事項，以下介紹幾種適合肢體障礙者的動態休閒活動：

1. **輪椅運動舞蹈**：輪椅運動舞蹈在國外的發展已行之有年，早在16世紀末的英國就發展出了雙椅舞，在其後則有瑞典和德國所發展出的由單人輪椅者和普通舞者一起合作所組成的舞蹈。目前輪椅運動舞蹈被列為帕林匹克（殘障奧運）運動會的比賽項目之一。

2. **輪椅網球**：輪椅網球比賽與一般網球比賽並無太大差別，比賽場地、球拍、網球等都是一樣的，只是在規則上稍有變化；輪椅網球比賽允許球可以落地彈跳兩次再回擊，運動員必須在第三次球落地前將球擊回，而且球第二次落地時可以在界內或是界外。

3. **輪椅籃球**：輪椅籃球是殘障奧運會中最受歡迎的項目之一。輪椅籃球沒有兩次運球的違例規定，但場上隊員持球移動時，推動輪椅一至二次後就必須拍球一次或多次，或傳球、投籃。比賽時，球要放在腿上，不能夾在兩腿之間，且運動員的腳不能觸擊地面，臀部亦不能離開輪椅。

　　肢體障礙者因為每個人的障礙程度都不一樣，所以從事的休閒活動也會有些不同的地方，但一般來說分可以分成以下兩種：

1. **戶外活動與室內活動**：戶外活動如球類運動、游泳、跳國標舞、騎自行車、看電影、逛街等；室內活動如觀賞影片、看電視、上網、閱讀書報、作手工藝品、聽音樂等。

2. **靜態活動與動態活動**：靜態活動如與親友聚會、看電視或影片、閱讀、下棋、唱歌等；動態活動如輪椅網球、輪椅籃球、輪椅桌球賽、輪椅舞蹈等。

問題討論

一、何謂休閒運動的特殊族群？

二、特殊族群在從事運動休閒時爲何比一般人有更多要注
　　意的地方？

參考文獻

一、中文部分

TSAPD。本會簡介，〈殘障運動的現況〉。http://www.rdatsapd.org.tw/inst_m5.htm，檢索日期：2011年1月3日。

ubo優活健康網——文章搜尋。http://www.uho.com.tw/Search.asp?mod=news&keyword=%A7C%A6%E5%BF%7D，檢索日期：2011年1月3日。

大紀元電子日報（2007/05/08）。工研院：〈銀髮族對健康休閒需求大〉。http://news.epochtimes.com.tw/7/5/8/54999.htm，檢索日期：2011年1月3日。

內政部委託中央大學統計研究所（2000）。《臺閩地區老人狀況調查》。

行政院主計處（1994）。《中華民國臺灣地區八十二年老人狀況調查報告》。行政院主計處暨內政部合編。

行政院經濟建設委員會（1993）。《中華民國臺灣地區八十一年至一二五年人口推估》。

行政院經濟建設委員會人力規劃處（1997）。《未來人口高齡化趨勢之國際比較》。http://cepd.spring.org.tw/News/newinform/970902.html，檢索日期：2011年1月3日。

行政院衛生署（1998）。〈糖尿病防治手冊〉，《糖尿病預防診斷與控制防治指引》。臺北：遠流。

行政院體育委員會（2003/4）。〈孕婦的運動計畫〉。http://www.sac.gov.tw/WebData/WebData.aspx?wmid=212&WDID=38，檢索日期：2011年1月3日。

吳伯瑜文。女人心事-婦產科諮詢服務網，〈我懷孕了，我該繼續運動嗎？——談孕婦與運動〉。http://www.obsgyn.net/info/general_obs_pregexe.htm，檢索日期：2011年1月3日。

呂寶靜（1996）。〈增進老人社會參與之政策規劃〉，《跨世紀老人醫療福利政策學術研討會》。頁160-181，臺北：厚生基金會。

李鍾元（1991）。〈重視老人休閒活動〉，《健康教育》。第67期，頁11-13。

卓俊辰（1993）。〈糖尿病之適當運動〉，《糖尿病聯誼會會刊》。頁3-7。

林文康、江瑾瑜、宣立人（1987）。〈糖尿病患者之知識、態度及血糖控制之相關性研究〉，《護理雜誌》。第34卷，第1期，頁65-83。

施清發、陳武宗、范麗娟（1990）。〈高雄市老人休閒體驗與休閒參與程度之研究〉，《社區發展季刊》。第92期，頁346-358。

特殊教學資訊網。國立臺東大學特殊教育中心，特殊教學資網〈肢體殘障類〉。http://www.nttu.edu.tw/secenter/9712disabled/，檢索日期：2011年1月3日。

張光達（1999）。〈運動休閒滿意研究論文之比較分析〉，《大專體育》。第45期，頁69-78。

陳文喜（1999）。〈政府推廣老人休閒活動的預期效益分析〉，《大專體育》。第44期，頁127-133。

許惠恆（1980）。〈運動與糖尿病〉，《國防醫學》。第10卷，第6期，頁616-620。

黃耀榮（1996）。〈臺灣地區高齡者靜態人體尺度計測分析〉，《中華民國建築學會建築學報》。第19期，頁101-125。

楊惠芳（1990）。〈重視老人身體活動的教育〉，《教師之友》。第41卷，第3期，頁32。

葉明理老師網頁。http:www.ntcn.edu.tw/teacher/nursing/minglee/942-2.doc，檢索日期：2011年1月3日。

劉碧珠（2003）。《肢障者參與團體旅遊阻礙之研究》。臺北：中國文化大學觀光事業研究所碩士論文。

蔡雅齡（2002年4月）。高醫醫訊月刊，〈糖尿病與運動〉。http://www.kmuh.org.tw/www/kmcj/data/9104/4930.htm，檢索日期：2011年1月3日。

盧英娟、李明榮（2001）。〈社會化發展與休閒階段需求之探討〉，《國立臺灣體育學院學報》。第8期，頁97-112。

戴東原（1985）。〈糖尿病人飲食及運動座談會〉，《健康世界》。5月，頁45-64。

簡辰霖（2010）。財團法人振興復建醫學中心全球資訊網，〈糖尿病患者的運動指引〉。http://www.chgh.org.tw/%B7s%BBD/71-%BF}%A7%BF%AFf%B1w%B9B%B0%CA%AB%FC%A4%DE.htm，檢索日期：2011年1月3日。

二、外文部分

Griffin, J. & McKenna, K. (1998). Influences leisure and life satisfaction of elderly people. *Physical and Occupational Therapy in Geriatrics*, Vol.15, No.4, pp.1-16.

Kelly, J. R. & Godbey, G. (1992). *The Sociology of Leisure*. PA: Venture Publish.

健康管理篇

- 運動營養與保健
- 運動按摩
- 身體運動管理與健康促進
- 高齡人口健康促進
- 健康活力與延年益壽
- 健康管理的行銷推廣

Chapter 8
運動營養與保健

程一雄

單元摘要

本章描述運動營養與保健的關係。除介紹六大營養素，闡述均衡的飲食，如何健康而正確的選擇食物，使身體更健康的重要性，也說明如何使運動食補的來源更有效率。接著介紹過量的運動會使身體產生危害人體的自由基，故本章另會提及一些抗自由基的食品種類，如咖啡因、羥基檸檬酸、肉鹼、紅景天、冬蟲夏草、唐辛子等，希望對這些先前累積的文獻所進行的整理，能提供運動員在選擇增補劑時有所認知。

學習目標

- 學習並瞭解六大營養素與食品成分
- 瞭解抗氧化食品與其生理機轉
- 介紹各項運動員增補劑
- 介紹運動減重的生理機轉

▶ 前言

　　人體的健康促進其實有賴於運動與營養，運動、飲食與藥物對一個人的身體健康就如同一個三角形，拿掉任何一個角，另外兩個角還是可以穩穩的站著，因此我們需要拿掉的是多餘的藥物，而不是運動與飲食；我們也可以體會到，透過運動與飲食營養有益於促進身體的健康。

　　運動需要經由身體一連串生物化學的反應，以提供源源不絕的能量來供人體使用，而這些能量的來源則須透過飲食的吸收而來。一般而言，身體所生產能源的過程是需攝取碳水化合物、蛋白質、脂質、維生素、礦物質與水，經由身體吸收代謝、氧化還原來提供能量，其中以碳水化合物、脂質與蛋白質為人體提供能源的重要食物，而維生素、礦物質與水則是有助於調節身體機能、幫助代謝與建構保健和免疫能力等不可或缺的重要元素。

　　本章描述運動營養與保健的關係。一般營養學將食物分為六大類，包括五穀根莖類、奶類、蛋豆魚肉類、蔬菜、水果與油脂類，均衡的飲食、健康的正確選擇食物，可以使身體更健康，也可以讓運動食補的來源更有效率；接著我們提到運動是有助於身體健康的，但過量的運動則會使身體產生危害人體的自由基，而運動與營養無非是為了促進身體健康，但對運動員來說運動是一種自我挑戰，運動員為了有更好的運動表現，增補品對於運動員來說是不可或缺的，因此於本章提出了一些具有抗自由基的食物與增補劑，如咖啡因、羥基檸檬酸、肉鹼、紅景天、冬蟲夏草、唐辛子等，提供運動員在選擇增補劑時能有所認知。

就一般民眾而言，運動大多會被認為是有助於減重的一個方式，一般人也會認為飲食與減重有其關聯性，因此我們提供一些相較性的概念，譬如飲食後運動或是運動後飲食，身體對於能量重新分配的概念，是依運動生理的機轉所提出的；減重的確須藉由運動的介入，當然飲食也相當重要，所以我們希望透過運動與飲食讓減重達到塑造身體的效果，而不只有減少體重而已。最後本章提供一個於生活中運動減重的範例供人們參考，希望能建立讀者如何運用運動與飲食來促進身體保健的一個概念。

第一節　保健食品與營養需求

現代人因生活品質提高，導致人們對保健食品與營養的需求也愈來愈講究，本節於一開始先整理了節錄自方素琦（2001）等對一般飲食原則之六大營養素與六大類食品營養成分的敘述，供讀者瞭解，之後再針對抗氧化食品及運動員的增補食品做介紹，希望能提升民眾對保健食品與營養需求的認知。

一、六大營養素

(一) 醣類

1. 定義：醣類（carbohydrate）又稱碳水化合物，其功用為提供體內熱能（4大卡／克），是體內能量使用的來源。
2. 重要性：
   (1) 醣類廣泛存在於各種穀類、蔬菜與水果。

(2) 醣類在身體需要能量的情況下，能夠迅速分解體內儲存的肝醣產生能量。

3. **食物來源**：米、飯、麵條、饅頭、玉米、馬鈴薯、番薯、芋頭、樹薯粉、甘蔗、蜂蜜、果醬等。

(二) 蛋白質

1. **定義**：蛋白質（protein）為構成及修補細胞、組織的主要材料，是人體重要的組成物，同時也具有調節生理機能，亦可提供體內熱能（4大卡／克）的功用。

2. **重要性**：

(1) 蛋白質基本成分為「胺基酸」，是用來修補與構成身體各器官組織的重要物質，並提供人體所需的二十二種必需胺基酸。

(2) 當體內能量不足時，也具有提供能量的功能。

3. **食物來源**：奶類、肉類、蛋類、魚類、豆類及豆製品、內臟類、全穀類等。

(三) 脂質（lipids）

1. **定義**：脂肪可以幫助脂溶性維生素的吸收與利用，在體內供給熱能（9大卡／克）。

2. **重要性**：

(1) 提供能量來源並維持身體溫度處於正常範圍內。

(2) 脂肪是組織構造與細胞代謝的重要物質，同時維持身體代謝及組織器官功能都扮演著重要角色。

3. **食物來源**：玉米油、大豆油、花生油、豬油、牛油、奶油、人造奶油、麻油等。

(四) 維生素

維生素（vitamins）是生物體所需要的微量營養成分，而一般又無法由生物體自己生產，需要藉由飲食等手段獲得。缺乏維生素會導致嚴重的健康問題；攝取適量維生素可以保持身體強壯健康；過量攝取維生素則會導致中毒。

維生素就其溶解性的特質，可以分成：(1) 脂溶性維生素：維生素A、D、E、K；(2) 水溶性維生素：維生素B_1、B_2、B_6、B_{12}、C、菸鹼酸、葉酸等兩大類。

脂溶性維生素

脂溶性維生素係指能溶解於脂肪者，分述如下：

1. 維生素A：

    (1) 維生素A的重要性：

    ① 使眼睛適應光線的變化，維持在黑暗光線下的正常視力。

    ② 保護表皮、黏膜使細菌不易侵害（增加抵抗傳染病的能力）。

    ③ 促進牙齒和骨骼的正常生長。

    ④ 具抗氧化能力與生殖功能。

    (2) 維生素A的食物來源：肝、蛋黃、牛奶、牛油、人造奶油、黃綠色蔬菜及水果（如青江白菜、胡蘿蔔、菠菜、番茄、黃紅心番薯、木瓜、芒果等）、魚肝油。

2. 維生素D：

    (1) 維生素D的重要性：

    ① 協助鈣、磷的吸收與運用，幫助骨骼和牙齒的正常發育。

② 為神經、肌肉正常生理上所必需。

③ 減少腎臟鈣的流失與維持各種組織的健康。

(2) 食物來源：魚肝油、蛋黃、牛油、魚類、肝、添加維生素D之鮮奶等。

3. 維生素E：

(1) 維生素E的重要性：

① 減少多元不飽和脂肪酸的氧化，控制細胞氧化。

② 維持動物生殖機能等。

(2) 維生素E的食物來源：穀類、米糠油、小麥胚芽油、棉子油、綠葉蔬菜、蛋黃、堅果類。

4. 維生素K：

(1) 維生素K的重要性：

① 構成凝血酶元所必需的一種物質。

② 具凝血作用，可促進血液在傷口凝固，以免流血不止。

(2) 維生素K的食物來源：綠葉蔬菜如菠菜、萵苣是維生素K最好的來源，蛋黃、肝臟亦含有少量。

水溶性維生素

水溶性維生素係指能溶解於水者，分述如下：

1. 維生素B_1：

(1) 維生素B_1的重要性：

① 增加食慾。

② 促進胃腸蠕動及消化液的分泌。

③ 預防及治療腳氣病神經炎，促進動物生長。

④ 能量代謝的重要輔酶。

⑤ 維持消化系統、神經系統、心血管與骨骼肌肉系統。

(2) 維生素B_1的食物來源：胚芽米、麥芽、米糠、肝、瘦肉、酵母、豆類、蛋黃、魚卵、蔬菜等。

2. 維生素B_2：

(1) 維生素B_2的重要性：

① 維持生理功能。

② 輔助細胞的氧化還原作用。

③ 防治眼睛血管沖血及嘴角裂痛。

(2) 維生素B_2的食物來源：酵母、內臟類、牛奶、蛋類、花生、豆類、綠葉菜、瘦肉等。

3. 維生素B_6：

(1) 維生素B_6的重要性：

① 為一種輔酶，幫助胺基酸的合成與分解。

② 幫助色胺酸轉變成菸鹼酸。

(2) 維生素B_6的食物來源：肉類、魚類、蔬菜類、酵母、麥芽、肝、腎、糙米、蛋、牛奶、豆類。

4. 維生素B_{12}：

(1) 維生素B_{12}的重要性：

① 促進核酸之合成。

② 對醣類和脂肪代謝有重要功用，並影響血液中麩基胺硫的濃度。

③ 可幫助治療惡性貧血及惡性貧血神經系統的病症。

(2) 維生素B_{12}的食物來源：肝、腎、瘦肉、牛奶、乳酪、蛋等。

5. 維生素C：

(1) 維生素C的重要性：

① 細胞間質的主要構成物質，使細胞間保持良好狀況。

② 加速傷口之癒合。

③ 增加對傳染病的抵抗力。

(2) 維生素C的食物來源：深綠及黃紅色蔬菜、水果（如青辣椒、番石榴、柑橘類、番茄、檸檬等）。

6. 菸鹼酸：

(1) 菸鹼酸的重要性：

① 構成醣類分解過程中兩種輔酶的主要成分，此輔酶主要作用為輸送氫。

② 使皮膚健康，也有益於神經系統的健康。

(2) 菸鹼酸的食物來源：肝、酵母、糙米、全穀製品、瘦肉、蛋、魚類、乾豆類、綠葉蔬菜、牛奶等。

7. 葉酸：

(1) 葉酸的重要性：

① 幫助血液的形成，可防治惡性貧血症。

② 促成核酸及核蛋白合成。

(2) 葉酸的食物來源：新鮮的綠色蔬菜、肝、腎、瘦肉等。

(五) 礦物質

1. 定義：礦物質（minerals）為構成身體細胞的原料，例如為構成骨骼、牙齒、肌肉、血球、神經之主要成分，以及其調節生理機能的功能，例如具維持體液酸鹼平衡、調節滲透壓、心臟肌肉收縮與神經傳導等功能。其在營養素裡所占的分量雖然很少（醣類、脂肪、蛋白質、水和其他有關物質占人體體重96%、礦物質占4%），但其重要性卻很大：

(1) 巨量礦物質：鈣（Ca）、鎂（Mg）、磷（P）、鈉

（Na）、鉀（K）、氯（Cl）、硫（S）。

(2) 微量礦物質：鉻（Cr）、鈷（Co）、銅（Cu）、氟（F）、碘（I）、鐵（Fe）、錳（Mn）、鉬（Mo）、硒（Se）、鋅（Zn）。

2. 重要性：

(1) 主要礦物質：人體每日需求量大於100毫克以上。

(2) 必需微量礦物質：需求量甚微，但若是體內缺乏則會影響身體機能。

(六) 水

1. 定義：成人體內的水分（water）約占體重的70%，而嬰兒期又更高，會隨著年齡的增加而遞減。水分可存在於不同的組織器官中：血液中的水分占90%、肌肉中的水分約占75%、骨頭中的水分約占25%，而脂肪組織中的水分約占5%。

2. 重要性：

(1) 人體的基本組成，為生長之基本物質與身體修護之用。

(2) 促進食物消化和吸收的作用。

(3) 維持體溫的恆定。

(4) 維持正常循環作用及排泄作用。

(5) 滋潤各組織的表面，可減少器官間的摩擦。

(6) 幫助維持體內電解質的平衡。

二、六大類食品營養成分

1. 五穀根莖類：

(1) 主要功能：熱量主要來源。

(2) 營養素：醣類、植物性蛋白質等。

(3) 建議量：每人每天三至六碗。

2. 奶類：

(1) 主要功能：保持骨頭、牙齒健康堅固，儲存骨本。

(2) 營養素：鈣質、維生素B_2、維生素D。

(3) 建議量：每人每天一至兩杯（一杯約240cc.）。

3. 蛋豆魚肉類：

(1) 主要功能：建構組織，維持新陳代謝，增強免疫力。

(2) 營養素：優質蛋白質、維生素B群、礦物質等。

(3) 建議量：每人每天四至六份。

4. 蔬菜類：

(1) 主要功能：預防便秘。

(2) 營養素：纖維、維生素、礦物質、抗氧化物質等。

(3) 建議量：每人每天三份，其中至少一份為深綠色或深黃
色蔬菜，一份約100公克，總計300公克。

5. 水果類：

(1) 主要功能：維持細胞健康，代謝正常，增強抵抗力。

(2) 營養素：纖維、維生素、礦物質、抗氧化物質等。

(3) 建議量：每人每天兩份。

6. 油脂類：

(1) 主要功能：提供熱量、維持生理代謝。

(2) 營養素：含有飽和與不飽和脂肪酸。

(3) 建議量：每人每天兩至三湯匙。

三、抗氧化食品

我們很清楚的知道高強度的運動過程中腺嘌呤核苷三磷酸（Adenosine Triphosphate, ATP）的產生，伴隨而來的是自由基的產生。所以高強度或中低強度下長時間的運動，基本上自由基的產生是會伴隨而來的，而生活習慣與環境也可能使人體自由基產生，例如作息不正常、壓力、攝取油炸食物或是陽光的照射等，基本上都是身體自由基產生的來源。

其實身體內的自由基並不完全是壞的因子。身體之所以需要有自由基是因為它可以提升免疫能力，也就是說，身體的免疫系統要抵抗外來的病毒，需要把病毒破壞掉的時候，自由基是一個很好的工具。但是自由基像是一把雙刃的刀，當它在破壞病毒時它也有可能正在對身體的組織、細胞等造成傷害；運動能夠使身體健康，可是因為運動而產生的自由基對身體也會有不良的影響。

所以我們建議每當運動完後為了清除過多的自由基應該做到兩件事：第一個是動態的休息，第二個是維他命A、C、E的補充。當然身體本身也會有清除自由基的酵素，例如過氧化氫酶（catalase）、超氧化物歧化酶（Superoxide Dismutase, SOD）、麩胱甘肽過氧化氫酶（Glutathione Peroxidase, GSHP），但是身體隨著年紀的增長而老化，酵素活性也會慢慢偏低，所以我們應該藉由外來的食品補充，包括維他命A、C、E，還有一些植物化學，例如丁酸鹽（butyrate）、類胡蘿蔔素（carotenoids）、硫化物（diallyl sulfide）、類黃酮和酚類（flavonoid and phenols）、吲哚（indoles）、大豆異黃酮（isoflavones）、異硫氰酸酯（isothiocyanates）、類黃酮（flavonoids）、木質素（lignins）、

檸檬油精（limonene）、番茄紅素（lvcopenes）、有機硫化物（organosulfur compounds）、萜烯和單萜（terpenes and monoterpenes），其植物化學及食物來源見**表8-1**。

富含維生素A的食物多為橙色及深綠色的蔬果，如南瓜、菠菜、木瓜、花椰菜。富含維生素C的食物以油菜、菠菜等綠色蔬菜及柑橘類、檸檬等水果的含量較高。含有維生素E的食物中以植物性的油脂含量比動物性的油脂含量高，如小麥胚芽、深綠色蔬菜、肝臟、肉類、豆類、芝麻、核桃等油脂類較高的食物。

運動如水一般，有正面效果，亦有負面成效，常言道：「水能載舟，亦能覆舟」。因此，我們希望運動可以健身但不要傷害身體，只要選擇對的食物和對的運動方法即可達到運動與健康促進的效果。

四、運動員的增補食品

運動員在比賽季節時，一天通常有兩場以上的比賽，不論是耐力型或爆發型運動選手，無不尋求使運動後體力迅速恢復的方法，而服用營養增補劑是其中一種方式。運動員體能的維持，有賴於肌肉肝醣儲存量與高效率的身體送氧能力，例如在運動前如何補充營養增補劑、運動中如何補充運動飲料、運動後如何補充飲食，無非是藉由肌肉肝醣的節省及肌肉肝醣的再生成，以提高運動表現。

運動營養補充研究顯示，運動比賽結束前的最後衝刺屬於高強度運動，須要有較多的肌肉肝醣儲存量，才能有最佳的運動表現，為達到這樣的目的，運動前建議攝取低升醣指數碳水化合物飲食，在緊接著的運動過程中，脂肪氧化速率較碳水化合物氧化速率高，在最後衝刺階段可保有較高的肌肉肝醣儲存量，以提供最後衝刺

表8-1　植物化學物質與其食物來源

品名	食物來源
丁酸鹽	水果、蔬菜、豆類
類胡蘿蔔素	深黃、橘和深綠色蔬菜水果
硫化物	洋蔥、蒜頭、露蕎、韭菜、蝦夷蔥
類黃酮和酚類	洋芫荽、胡蘿蔔、柑橘類水果、青花菜、高麗菜、胡瓜、南瓜、山藥、番茄、茄子、胡椒、豆製品、漿果、馬鈴薯、蠶豆、碗豆夾、紫色洋蔥、蘿蔔、西洋山葵、茶、洋蔥、蘋果
吲哚	高麗菜、芽苷藍、花椰菜、菠菜、青花菜
異黃酮	黃豆及黃豆製品
異硫氰酸酯	高麗菜、花椰菜、青花菜、芽苷藍、芥菜、西洋山葵、蘿蔔
類黃酮	水果、蔬菜、紅酒、綠茶、洋蔥、蘋果、芥藍、豆類
木質素	亞麻仁、全穀類產品
檸檬油精	橘皮油
番茄紅素	番茄、紅葡萄柚、番石榴、乾杏
有機硫化物	蒜頭、洋蔥、蝦夷蔥、柑橘類水果、青花菜、高麗菜、花椰菜、芽苷藍
萜烯和單萜	花椰菜、胡瓜、南瓜、番薯、番茄、茄子、薄荷、羅勒

資料來源：Mahan, L. K. & Escott-Stump, S. (2000).

高強度運動能量來源所需（Wu, Nicholas, Williams, Took, & Hardy, 2003）。

　　運動後飲食補充的研究顯示，運動恢復期高升醣指數碳水化合物攝取後，二十四小時恢復期的肝醣再合成量較攝取低升醣指數碳水化合物高，但是運動恢復期選擇低升醣指數碳水化合物攝取，脂肪氧化速率高，相對地在後續運動過程中，肝醣分解速率較低，

能保留運動末期高強度衝刺運動能量來源的提供（Burke, Collier, & Hargreaves, 1993）。本文亦針對咖啡因、羥基檸檬酸、肉鹼、紅景天、冬蟲夏草、唐辛子等營養增補劑進行探討，提供教練與運動員在營養攝取時能多一些選擇的思維。

(一) 咖啡因

自從2004年世界禁藥組織將咖啡因從禁藥名單解除後，咖啡因成了現代運動員經常使用的運動增補劑。咖啡因（caffeine）隸屬中樞神經系統（Central Nervous System, CNS）興奮劑，它會與腺苷酸（adenosine）競爭進入腺苷酸受器（adenosine receptors），當咖啡因結合此受器時會有效促進神經電位傳導功能及刺激多巴胺（dopamine）的分泌，達到提神效果（Fredholm, Battig, Holmen, Nehlig, & Zvartau, 1999）。補充咖啡因能增加兒茶酚胺分泌，促進脂肪分解並提高脂肪氧化率，同時降低碳水化合物氧化率，在運動期間能增加脂肪代謝，作為能量來源之一，進而節省肌肉肝醣的使用率（Graham, Battram, Dela, El-Sohemy, & Thong, 2008）。

攝取咖啡因後，對於三十至六十分鐘中低強度長時間有氧運動表現有顯著的改善（Costill, Dalsky, & Fink, 1978; Mohr, Van Soeren, Graham, & Kjar, 1998），改善的機制主要是由於游離脂肪酸動員，增加代謝效率，節省肌肉對肝醣的使用，咖啡因會動員脂肪的機制，主要是透過兩種方式：第一個機制是咖啡因會促使兒茶酚胺的分泌，活化腺苷酸環化酶（adenylate cyclase）活性，而引起cAMP的增加，使得解脂酶活性（lipase activity）增加；另一是咖啡因會阻斷磷酸二酯酶（Phosphodiesterase, PDE）的作用。（如**表8-2**）

表8-2　咖啡因的劑量及其功效

劑量	功效	參考文獻
每公斤體重6毫克	1. 可增加運動至力竭的時間，增加血漿腎上腺素濃度 2. 具增補功效但和肌肝醣無關	Greer, Friars, & Graham (2000)
每公斤體重270毫克	1. 增加能量消耗 2. 增加脂肪氧化	Rumpler, et al. (2001)
每公斤體重5毫克	1. 降低運動中的人體攝氧量與呼吸交換率（RER） 2. 增加運動中游離脂肪酸（Free Fatty Acid, FFA）的濃度 3. 提升運動至力竭的時間（耐力運動表現的提升，可能和肝醣節省並伴隨脂肪組織分解，和運動中脂質氧化增加有關）	Ryu et al. (2001)
每公斤體重5毫克	1. 提高運動表現 2. 運動自覺量表的降低	Doherty, Smith, Hughes, & Davison (2004)
每公斤體重6毫克	增加運動至力竭的時間	Meyers & Cafarelli (2005)
每公斤體重6毫克	提升≧70歲老人的運動耐力	Norager, Jensen, Madsen, & Laurberg (2005)
每公斤體重3毫克	1. 增加血乳酸 2. 提升8公里長跑的運動表現	Bridge & Jones (2006)

(二) 羥基檸檬酸

　　羥基檸檬酸（Hydroxycitric Acid, HCA）是一種學名為藤黃果的天然萃取物，原產地為印度南方山脈，學名為Garcinia Camnogia，果實很類似柑橘，故又稱羅望果，被當作咖哩粉的香辛料成分之

一，其抽出物是由此種植物的果皮抽出，精緻萃取為羥基檸檬酸，含有10%至30%類似檸檬酸（citric acid）。印度南方當地人多以羥基檸檬酸來烹調食物或治療腸胃道疾病（Jena, Jayaprakasha, Singh, & Sakariah, 2002）。

在葡萄糖轉為脂肪時，HCA可抑制其中一個ATP-citrate lyase酵素，使脂肪酸無法進行合成，並抑制醣解（glycolysis）作用進行，當攝取含有碳水化合物食物時，碳水化合物會分解成小分子的葡萄糖，進入血液成為血糖送至全身各細胞以代謝為能量，如果葡萄糖沒有被立即使用，會儲存於肌肉形成肝醣（glycogen），若肝醣已儲存滿，則葡萄糖會立即經醣解作用與檸檬酸循環轉換檸檬酸，再經ATP-citrate lyase酵素催化合成為脂肪（葉玫玲，2006）。

羥基檸檬酸一般較常作用於減重研究，因結構近似於人體內的檸檬酸，進而影響人體能量代謝，因此具有促進脂肪代謝與抑制脂肪氧化的作用（李佳倫，2006）；另有文獻指出，將HCA於運動前補充，對其耐力性運動表現有正面效果（李佳倫、林正常，2006），且增補羥基檸檬酸對單一次70%最大攝氧量（VO2 peak）運動後補充碳水化合物能增加肌肉肝醣合成效果（王仲瑜，2008）。（如**表8-3**）

(三) 肉鹼

肉鹼（l-carnitine; L-β-hydroxy-γ N-trimethylaminobutyrate）的別名是左卡尼汀，分子式為$C_7H_{15}NO_3$，其功用為轉送長鏈脂肪酸到粒線體內，促進脂肪酸的利用。肉鹼調控粒線體中acetyl-CoA/free CoA之比例，影響醣類的氧化作用，當粒線體中acetyl-CoA/free CoA比例下降，會促使醣類進行氧化作用，以產生能量供組織利用。文獻指出肉鹼的補充對運動表現可以增加最大攝氧量、減少呼吸

表8-3 羥基檸檬酸的劑量及其功效

劑量	功效	參考文獻
每天補充250毫克，共5天	1. 呼吸交換率明顯降低 2. 脂質氧化增加 3. 醣類氧化減少 4. 增加運動至力竭的時間	Lim, et al. (2002)
每天補充250毫克，共5天	1. 呼吸交換率明顯降低 2. 運動至力竭的時間顯著增加	Lim, et al. (2003)
每天補充500毫克，共5天	1. 游離脂肪酸濃度顯著增加 2. 呼吸交換率降低	Tomita, Okuhara, Shigematsu, Suh, & Lim (2003)
每天補充10毫克，補充3天或25天	1. 游離脂肪酸濃度、肌肝醣顯著高於控制組 2. 增加運動至力竭的時間 3. 長期補充效果更好	Ishihara, Oyaizu, Onuki, Lim, & Fushiki (2000)

商、刺激脂肪代謝、降低運動後產生的乳酸等（Karlic & Lohninger, 2004），其主要功能在促進身體內細胞進行脂肪酸的氧化以產生能量，尤其是幫助促進肝藏、骨骼肌和心肌的脂肪酸進行氧化（Cerretelli & Marconi, 1990; Rebouche & Chenard, 1991）。（如**表 8-4**）

(四) 紅景天

紅景天（Rhodiola rosea, Rr）或稱為黃金根（golden root），主要生長於海拔3000至5400公尺的高地環境，在亞洲、俄羅斯和北歐的斯堪那維亞等地區，常被用來作為植物療法之用（Brown, Gerbarg, & Ramazanov, 2002）。紅景天可以增加人體面對環境壓力與生理壓力的抵抗性，並提高人體適應高海拔低氧環境的能力，所

表8-4　肉鹼的劑量及其功效

劑量	功效	參考文獻
每天補充2克，共28天	1. 降低呼吸商 2. 在肌肉運動時會增加脂肪的分解	Gorostiaga, Maurer, & Eclache (1989)
1天補充2克	降低運動後血乳酸值	Siliprandi, et al. (1990)
1天補充2克	1. 提高最大攝氧量 2. 減少乳酸的產生	Vecchiet, et al. (1990)
靜脈注射1天3克劑量	1. 對運動過程中的生理現象無影響 2. 增加運動恢復期脂肪酸氧化量	Natali, et al. (1993)
每天補充4克，共4週	增加和肉鹼棕櫚醯轉移酶酵素活性	Huertas, et al. (1992)
每天補充3克，共10天	促進體內長鏈脂肪酸的氧化作用	Wutzke & Lorenz (2004)；Muller, Deckers, & Eckel (2002)

以紅景天除了具有「抗壓力」之作用，還能增加人體適應環境能力的條件，因此又稱紅景天為適應原（adaptogen）。

　　紅景天可以透過增加腺嘌呤核苷三磷酸（ATP）的合成，進而強化運動表現與提高身體活動之效能（Abidov, Crendal, Grachev, Seifulla, & Ziegenfuss, 2003）；另有文獻指出，紅景天具有刺激神經系統、增加工作表現能力、消除疲勞、降低憂鬱症及預防高山症狀等功效（Brekhman & Dardymov, 1969）。（如**表8-5**）

(五) 冬蟲夏草

　　冬蟲夏草（Cordyceps sinensis, Cs）為真菌類寄生於昆蟲鱗翅目之幼蟲體，是屬於菱角科蟲草真菌，它是從無毒真菌中的植物萃取

表8-5　紅景天的劑量及其功效

劑量	功效	參考文獻
200毫克／天（單次）	可以增進耐力運動表現	De Bock, Eijnde, Ramaekers, & Hespel (2004)
100毫克／天（持續20天）	顯著增加PWC170（Physical Work Capacity at a Heart Rate of 170 Beats）測驗之耐力運動表現	Spasov, Wikman, Mandrikov, Mironova, & Neumoin (2000)
25或125毫克／天（持續2至4週）	1. 增加肝醣的含量 2. 延長游泳運動至力竭時間 3. 改善運動至力竭誘發的疲勞現象	Lee, Kuo, Liou, & Chien (2009)

出來（Colson, et al., 2005），並經提煉後製成的中藥材，具有增加能量代謝的功能，藥性溫和，適合人體長期服用。

　　冬蟲夏草具有在生理上與能量代謝系統調控方面的功效，如增加血管舒張、提高氧氣運送能力、增進細胞對氧的利用率（Chiou, Chang, Chou, & Chen, 2000）、增加脂肪的氧化與促進葡萄糖的吸收（Kiho, Yamane, Hui, Usui, & Ukai, 1996）等。

　　冬蟲夏草具有促進循環的好處，同時可增加血管的舒張，進而增進血液代謝基質（metabolism substrate）送至工作組織，使組織細胞能有效提高代謝基質的吸收及利用（Chiou, et al., 2000; Lou, Liao, & Lu, 1986），冬蟲夏草可以降低運動中個體對碳水化合物氧化之速率（Raguso, Coggan, Sidossis, Gastaldelli, & Wolfe, 1996），此現象可能與運動中節省肌肉肝醣的消耗有關（Vergauwen, Hespel, & Richter, 1995）。（如**表8-6**）

表8-6　冬蟲夏草的劑量及其功效

劑量	功效	參考文獻
150毫克／公斤 （持續5天）	1. 可以刺激紅血球生成 2. 增加血紅素的濃度 3. 提高氧氣運送的效率 4. 增進運動表現，並延緩疲勞的發生	Li, Chen, & Jiang (1993)

(六) 唐辛子

唐辛子（capsaicin），又稱為辣椒素，是從辣椒中提煉出來的有效成分，並獲得證實能幫助活化交感神經系統，增加能量消耗及細胞的新陳代謝率，加速由食物引起的熱能合成（即產生能量）與脂肪氧化。（如**表8-7**）

表8-7　唐辛子的劑量及其功效

劑量	功效	參考文獻
6毫克／公斤、 10毫克／公斤、 15毫克／公斤	1. 增加運動至力竭的時間 2. 提高耐力運動時脂肪酸的利用，以節省肝醣的使用	Oh & Ohta (2007)
15毫克／公斤	1. 增加運動至力竭的時間 2. 游離脂肪酸濃度顯著增加 3. 使力竭運動後有較高肝醣保留量 4. 提高血漿noradrenalin（去甲腎上腺素，一種升壓藥）的濃度	Oh & Ohta (2003)
10毫克／公斤	1. 增加運動至力竭的時間 2. 游離脂肪酸濃度顯著增加 3. 使運動力竭後有較高的肝醣保留量 4. 提高血漿adrenalin（腎上線素）的濃度	Kim, Kawada, Ishihara, Inoue, & Fushiki (1997)

第二節　運動減重的生理探討 ——————

運動是現今人們減重常用的選擇方式，大部分的人們只知道減重必須藉由運動與飲食控制，但該如何應用卻不清楚，故本節針對運動對減重的生理意義、運動強度與脂肪燃燒的關係，及如何安排運動與餐飲攝食的時機進行探討，希望能給民眾一個運動與減重不同的思維。

一、運動對減重的生理意義

運動與減重被用在保健上是可以被證明的，以游泳來舉例，游得很好會換氣的人就會達到一定的運動強度，游泳完後會感到口渴卻不會感到飢餓，是因為游泳會促進我們下視丘的飽食中樞；不會游泳的人，不太會換氣、常需要站起來休息一下，游泳完後會有飢餓感想吃東西，是因為運動強度不會太高，不會促進下視丘的飽食中樞，反而是抑制它，一般游泳起來會餓的人，是因為有這樣的生理因素，所以會感到飢餓而不是口渴。因此若問運動會不會影響身體的生理反應？答案是會的！

同樣是游泳運動因為不同的運動強度下，有的人結束後會口渴，有人則是飢餓的，以這樣的觀點來看，減重需不需要運動？大部分的人認為減重只要在飲食上控制就好，不需要運動。

(一) 傳統認為運動可提供能量消耗

以運動來講，純粹要消耗能量其實效率並不高，一般傳統的生理知識使我們知道攝取一定的熱量可能要做很久的運動。

(二) 運動會促進飽食中樞、降低能量攝取

運動會降低能量的攝取，這是一個很好的證明。譬如說一個人如果在進餐前的一個半小時去運動，運動結束後回家喝一杯現打的柳橙汁，此時下視丘的飽食中樞被促進了，而血糖值又不會太低，所以在吃飯的時間點還是同樣的攝取食物，只是本來要吃十分飽的現在只要吃六分飽就好，為什麼只吃六分飽就好？以一餐800卡來講，吃六分飽的話原則上就少了320卡，如此養成習慣，長時間下來就可以節省很多能量的攝取。

(三) 攝取能量的重新分配

飲食攝取後運動或是運動完後飲食，因為大肌肉群消耗了一些能量，所以能量攝取會偏向大肌肉群吸收。我們希望攝取的能量不要偏向脂肪的堆積，唯一的方法就是運動後攝食。雖然運動消耗的能量沒那麼多，可是緊接的下一餐所攝取的能量分配會比較偏向大肌肉群，因為大肌肉群消耗了很多的能量需要盡快的回補回來，這樣就會有較少的能量往脂肪細胞堆積。所以從運動減重來說，塑身是要透過運動的，如果只是透過減少飲食就是瘦身而非塑身。

二、運動強度與脂肪燃燒的關係

傳統運動生理的觀點基本上就是在提供身體能量，當身體高強度運動會偏向由肝醣（肌肉肝醣、肝臟肝醣）的提供，當身體偏向中低強度的運動時，能量的提供則會比較偏向由脂肪；我們從呼吸商（Respiratory Quotient, RQ）可以發覺，RQ值偏向1時，自體傾向肝醣或碳水化合物的燃燒，RQ值偏向0.7則偏向脂肪燃燒，所以我們知道當休息時身體RQ值比較接近0.7，而中強度、中低強度的運

動RQ值大約是0.8至0.85；由這些值我們可以證明，在中低強度乃至於安靜休息的時候，我們的身體是以脂肪來提供能量的，而同樣的在運動後期，在高強運動的維持之下RQ值比較偏向1，所以能量提供是肌肉肝醣。

如果今天在飲食攝取後，你習慣地去做輕微的運動、散步，攝取能量就比較容易被利用，因此會降低能量在脂肪的堆積；如果在飲食攝取完後，一般人習慣安靜的休息或是睡覺，這些身體的能量就比較偏向脂肪堆積。所以，當你飲食後的生活型態是靜態的，就比較偏向脂肪堆積；如果是動態的，那麼脂肪的堆積就相對就少。如果今天是運動完去攝食東西，或是運動後攝食東西，在文獻很明顯的知道，運動完攝食東西能量偏向脂肪堆積的就少很多，我們從溜溜球效應（Yo Yo Effect）會很清楚的知道，如果今天沒有介入運動然後去從事減重的話，我們會發覺Yo Yo Effect會造成體脂肪累積的比較高，為了改善或是防止Yo Yo Effect的產生，我們只要介入運動即可。

在運動的過程當中，我們身體的脂蛋白分解酶的活性會比較高，因為脂蛋白分解酶是將三酸甘油脂分解成甘油和游離脂肪酸，甘油可以透過醣解作用產生ATP，游離脂肪酸透過 β 氧化作用形成乙醯輔酶A進入檸檬酸循環產生ATP，這些ATP經由運動這件事情把它消耗掉，所以三酸甘油脂就會很快的不在脂肪細胞、肌肉細胞累積，或者在血液當中三酸甘油脂也很容易下降，所以我們很清楚的知道，若是要減肥也就是減掉體脂肪，那麼運動的介入是非常必須的。

當然，飲食的控制也是減少能量攝取一個很好方式，不過以能量的觀點，減重不只是減少能量的攝取，更重要的是要增加能量的消耗，而且希望所攝取的能量，儘量不是偏向於脂肪細胞的增大，或是脂肪的堆積，所以運動介入減重或減肥是必須的。

三、如何安排運動與餐飲攝食的時機

　　根據運動可以降低能量的攝取、提升能量的消耗，以及身體內能量重新分布的概念，我們可以建議以下的生活模式，譬如一個人晚上七點用餐，我們建議他下午五點時去進行約六十分鐘50%至60%最大攝氧量的全身性有氧運動，運動後進行動態休息，如慢走，回到家以後喝250cc.至350cc.的現打維他命C果汁，於七點時準時用餐，在不是飢餓的情況之下用餐只要達六分飽即可，餐後安排動態的生活模式，包括洗碗、倒垃圾、散步，這樣便是一個運動減重的生活模式，而減重能否成功的重要關鍵在於飲食運動行為模式的改善。

問題討論

一、各大營養素的生理效果及其代表性食物與種類有哪些？
二、請列舉具抗氧化效果的酵素、維生素和植物化學物質與其食物來源有哪些？
三、請說明各項增補劑應用於耐力運動表現機轉為何？
四、說明運動與塑身之能量重新分配之生理機轉。

參考文獻

一、中文部分

方素琦、王鳳英、牟宗宜、何素珍、林宜芬、徐明麗等譯（2001），Sue Rodwell Willams著（1997）。《實用營養學》。臺北：華騰。

王仲瑜（2008）。《運動後恢復期補充碳水化合物與羥基檸檬酸對人體骨骼肌肉肝醣合成之影響》。臺中：國立臺中教育大學未出版碩士論文。

李佳倫（2006）。〈增補羥基檸檬酸對減重與運動表現的影響〉，《中華體育季刊》，20（3），頁18-27。

李佳倫、林正常（2006）。〈短期增補羥基檸檬酸對耐力性運動表現之影響〉，《體育學報》，9（2），頁1-12。

林正常（1997）。〈體適能的理論基礎〉，《教師體適能指導手冊》，頁47-59。臺北：教育部出版。

健康體能（2010）。行政院衛生署國民健康局，「促進健康體能的方法」。http://www.bhp.doh.gov.tw/bhpnet/portal/Them.aspx?No=200712250028，檢索日期：2010年3月20日。

葉玫玲（2006）。健康圖書館，一般營養觀念，「藤黃果的作用原理」。http://health.wedar.com/show.asp?id=3829，檢索日期：2010年3月30日。

二、外文部分

Abidov, M., Crendal, F., Grachev, S., Seifulla, R., & Ziegenfuss, T. (2003). Effect of extracts from Rhodiola rosea and Rhodiola crenulata (Crassulaceae) roots on ATP content in mitochondria of skeletal muscles. *Bulletin of Experimental Biology and Medicine*, 136(6), 585-587.

Brekhman, I. T., & Dardymov, I. V. (1969). New substances of plant origin which increase non-specific resistance. *Annual Review of Pharmacology and Toxicology*, 9, 419-430.

Bridge, C. A., & Jones, M. A. (2006). The effect of caffeine ingestion on 8 km run performance in a field setting. *Journal of Sports Sciences*, 24(4), 433-439.

Brown, R. P., Gerbarg, P. L., & Ramazanov, Z. (2002). Rhodiola rosea: A phytomedicinal overview. *Herbalgram*, 56, 40-52.

Burke, L. M., Collier, G. R., & Hargreaves, M. (1993). Muscle glycogen storage after prolonged exercise: effect of the glycemic index of carbohydrate feedings. *Journal of Applied Physiology*, 75(2), 1019.

Cerretelli, P., & Marconi, C. (1990). L-carnitine supplementation in humans. The effects on physical performance. *Int J Sports Med*, 11(1), 1-14.

Chiou, W. F., Chang, P. C., Chou, C. J., & Chen, C. F. (2000). Protein constituent contributes to the hypotensive and vasorelaxant acttvtties of cordyceps sinensis. *Life Sciences*, 66(14), 1369-1376.

Colson, S. N., Wyatt, F. B., Johnston, D. L., Autrey, L. D., FitzGerald, Y. L., & Earnest, C. P. (2005). Cordyceps sinensis and Rhodiola rosea-based supplementation in male cyclists and its effect on muscle tissue oxygen saturation. *J Strength Cond Res, 19(2), 358-363.*

Costill, D. L., Dalsky, G. P., & Fink, W. J. (1978). Effects of caffeine ingestion on metabolism and exercise performance. *Medicine and Science in Sports and Exercise (Estados Unidos)*, 10(3), 155-158.

De Bock, K., Eijnde, B. O., Ramaekers, M., & Hespel, P. (2004). Acute rhodiola rosea intake can improve endurance exercise performance. *International Journal of Sport Nutrition and Exercise Metabolism*, 14, 298-307.

Doherty, M., Smith, P. M., Hughes, M. G., & Davison, R. R. C. (2004). Caffeine lowers perceptual response and increases power output during high-intensity cycling. *Journal of Sports Sciences*, 22(7), 637-643.

Fredholm, B. B., Battig, K., Holmen, J., Nehlig, A., & Zvartau, E. E. (1999). Actions of caffeine in the brain with special reference to factors that contribute to its widespread use. *Pharmacological Reviews*, 51(1), 83.

Gorostiaga, E. M., Maurer, C. A., & Eclache, J. P. (1989). Decrease in respiratory quotient during exercise following L-carnitine supplementation. *Int J Sports Med*, 10(3), 169-174.

Graham, T. E., Battram, D. S., Dela, F., El-Sohemy, A., & Thong, F. S. L. (2008). Does caffeine alter muscle carbohydrate and fat metabolism during exercise? *Applied Physiology, Nutrition, and Metabolism*, 33(6), 1311-1318.

Greer, F., Friars, D., & Graham, T. E. (2000). Comparison of caffeine and theophylline ingestion: exercise metabolism and endurance. *Journal of Applied Physiology*, 89(5), 1837.

Huertas, R., Campos, Y., Diaz, E., Esteban, J., Vechietti, L., Montanari, G., et al. (1992). Respiratory chain enzymes in muscle of endurance athletes: effect of L-carnitine. *Biochemical and Biophysical Research Communications*, 188(1), 102-107.

Ishihara, K., Oyaizu, S., Onuki, K., Lim, K., & Fushiki, T. (2000). Chronic (-)-hydroxycitrate administration spares carbohydrate utilization and promotes lipid oxidation during exercise in mice. *Journal of Nutrition*, 130(12), 2990-2995.

Jena, B. S., Jayaprakasha, G. K., Singh, R. P., & Sakariah, K. K. (2002). Chemistry and biochemistry of (-)-hydroxycitric acid from Garcinia. J. Agric. *Food Chem*, 50(1), 10-22.

Karlic, H., & Lohninger, A. (2004). Supplementation of L-carnitine in athletes: does it make sense? *Nutrition*, 20(7-8), 709-715.

Kiho, T., Yamane, A., Hui, J., Usui, S., & Ukai, S. (1996). Polysaccharides in fungi. XXXVI. Hypoglycemic activity of a polysaccharide (CS-F30) from the cultural mycelium of Cordyceps sinensis and its effect on glucose metabolism in mouse liver. *Biological and Pharmaceutical Bulletin*, 19(2), 294-296.

Kim, K. M., Kawada, T., Ishihara, K., Inoue, K., & Fushiki, T. (1997). Increase in swimming endurance capacity of mice by capsaicin-induced adrenal catecholamine secretion. *Bioscience Biotechnology and Biochemistry*, 61, 1718-1735.

Lee, F. T., Kuo, T. Y., Liou, S. Y., & Chien, C. T. (2009). Chronic rhodiola rosea extract supplementation enforces exhaustive swimming tolerance. *The American Journal of Chinese Medicine*, 37(3), 557.

Li, Y., Chen, G. Z., & Jiang, D. Z. (1993). Effect of cordyceps sinensis on erythropoiesis in mouse bone marrow. *Chin Med J (Engl)*, 106(4), 313-316.

Lim, K., Ryu, S., Ohishi, Y., Watanabe, I., Tomi, H., Suh, H., et al. (2002). Short-term (-)-hydroxycitrate ingestion increases fat oxidation during exercise in athletes. *Journal of Nutritional Science and Vitaminology*, 48(2), 128.

Lim, K., Ryu, S., Nho, H. S., Choi, S. K., Kwon, T., Suh, H., et al. (2003). (-)-Hydroxycitric acid ingestion increases fat utilization during exercise in untrained women. *Journal of Nutritional Science and Vitaminology*, 49(3), 163-167.

Lou, Y., Liao, X., & Lu, Y. (1986). Cardiovascular pharmacological studies of ethanol extracts of Cordyceps mycelia and Cordyceps fermentation solution. *Chin Trad Herbal Drugs*, 17, 209-213.

Mahan, L. K., & Escott-Stump, S. (2000). *Krause's Food, Nutrition and Therapy*. Washington: WB Saunders Company.

Meyers, B. M., & Cafarelli, E. (2005). Caffeine increases time to fatigue by maintaining force and not by altering firing rates during submaximal isometric contractions. *Journal of Applied Physiology*, 99(3), 1056.

Mohr, T., Van Soeren, M., Graham, T. E., & Kjar, M. (1998). Caffeine ingestion and metabolic responses of tetraplegic humans during electrical cycling. *Journal of Applied Physiology*, 85(3), 979.

Muller, H., Deckers, K., & Eckel, J. (2002). The fatty acid translocase (FAT)/CD36 and the glucose transporter GLUT4 are localized in different cellular compartments in rat cardiac muscle. *Biochemical and Biophysical Research Communications*, 293(2), 665-669.

Natali, A., Santoro, D., Brandi, L. S., Faraggiana, D., Ciociaro, D., Pecori, N., et al. (1993). Effects of acute hypercarnitinemia during increased fatty substrate oxidation in man. *Metabolism*, 42(5), 594-600.

Norager, C. B., Jensen, M. B., Madsen, M. R., & Laurberg, S. (2005). Caffeine improves endurance in 75-yr-old citizens: a randomized, double-blind, placebo-controlled, crossover study. *Journal of Applied Physiology*, 99(6), 2302.

Oh, T. W., & Ohta, F. (2003). Capsaicin increases endurance capacity and spares tissue glycogen through lipolytic function in swimming rats. *Journal of Nutritional Science and Vitaminology*, 49(2), 107-111.

Oh, T. W., & Ohta, F. (2007). Dose-dependent effect of capsaicin on endurance capacity in rats. *British Journal of Nutrition*, 90(03), 515-520.

Raguso, C. A., Coggan, A. R., Sidossis, L. S., Gastaldelli, A., & Wolfe, R. R. (1996). Effect of theophylline on substrate metabolism during exercise. *Metabolism*, 45(9), 1153-1160.

Rebouche, C. J., & Chenard, C. A. (1991). Metabolic fate of dietary carnitine in human adults: identification and quantification of urinary and fecal metabolites. *Journal of Nutrition*, 121(4), 539.

Rumpler, W., Seale, J., Clevidence, B., Judd, J., Wiley, E., Yamamoto, S., et al. (2001). Oolong tea increases metabolic rate and fat oxidation in men. *Journal of Nutrition*, 131(11), 2848.

Ryu, S., Choi, S. K., Joung, S. S., Suh, H., Cha, Y. S., Lee, S., et al. (2001). Caffeine as a lipolytic food component increases endurance performance in rats and athletes. *Journal of Nutritional Science and Vitaminology*, 47(2), 139-146.

Siliprandi, N., Di Lisa, F., Pieralisi, G., Ripari, P., Maccari, F., Menabo, R., et al. (1990). Metabolic changes induced by maximal exercise in human subjects following L-carnitine administration. *Biochimica et Biophysica Acta (BBA)-General Subjects*, 1034(1), 17-21.

Spasov, A. A., Wikman, G. K., Mandrikov, V. B., Mironova, I. A., & Neumoin, V. V. (2000). A double-blind, placebo-controlled pilot study of the stimulating and adaptogenic effect of Rhodiola rosea SHR-5 extract on the fatigue of students caused by stress during an examination period with a repeated low-dose regimen. *Phytomedicine*, 7(2), 85-89.

Tomita, K., Okuhara, Y., Shigematsu, N., Suh, H., & Lim, K. (2003). (-)-Hydroxycitrate Ingestion Increases Fat Oxidation during Moderate Intensity Exercise in Untrained Men. *Bioscience, Biotechnology, and Biochemistry*, 67(9), 1999-2001.

Vecchiet, L., Di Lisa, F., Pieralisi, G., Ripari, P., Menabo, R., Giamberardino, M. A., et al. (1990). Influence of L-carnitine administration on maximal physical exercise. *European Journal of Applied Physiology and Occupational Physiology*, 61(5), 486-490.

Vergauwen, L., Hespel, P., & Richter, E. A. (1995). Adenosine serves a glycogen sparing action in oxidative skeletal muscle. European Journal of Physiology, 375, R54.

Wu, C. L., Nicholas, C., Williams, C., Took, A., & Hardy, L. (2003). The influence of high-carbohydrate meals with different glycaemic indices on substrate utilisation during subsequent exercise. *British Journal of Nutrition*, 90(06), 1049-1056.

Wutzke, K. D., & Lorenz, H. (2004). The effect of-carnitine on fat oxidation, protein turnover, and body composition in slightly overweight subjects. *Metabolism*, 53(8), 1002-1006.

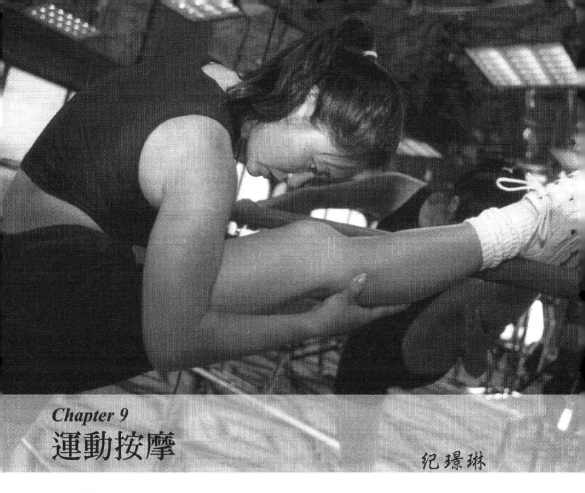

Chapter 9
運動按摩

紀璟琳

單元摘要

運動按摩是一種在身上的肌肉或皮膚等柔軟組織進行有規律的揉捏或摩擦等的療法。運動按摩在不同文化影響下，發展出不同的按摩特色。本章介紹了運動按摩的起源、功效、手法等，以及應該遵守的相關注意事項。

學習目標

■ 瞭解運動按摩在其他國家發展有何特色
■ 學習各種按摩手法及其應注意事項

第一節　按摩的起源與發展

　　按摩是一種最古老且歷史悠久的疾病治療法，按摩早期在我國被稱為推拿較多，所以有諸多名稱，像「按摩」、「按蹻」、「導引」、「摩消」等。按摩是在體表的一些特定部位施以各種手法，或配合某些肢體活動，來恢復或改善身體機能的方法。按摩推拿是人類最古老的療法之一，因為按摩推拿簡單經濟安全，療效不錯，所以一直被民眾廣泛應用。另一說法指出西方的massage這名詞是由中國古代「摩消」一詞音譯而來的，現今人們反而將massage譯成中文，有的人甚至翻譯成「馬殺雞」，今日則最常稱為「按摩」。從施行方式來看，現代按摩和傳統中醫推拿有一些區別。

　　傳統的中醫推拿按摩已有千年悠久歷史，手法種類非常多，可以治療內、外、婦、兒及骨傷科等疾病。現代按摩雖僅有數百年歷史，但按摩手法發展出的種類不少，主要以放鬆肌肉、促進血液循環、解除疲累、舒緩身心緊張為其主要的施行目的。

　　根據文獻記載，中國的按摩起源於河南洛陽一帶，而在秦漢時期已有專門的相關著作《黃帝岐伯按摩》十卷，這說明秦漢以前，按摩已成為一種非常成熟的醫療手段。該時期完成的經典《黃帝內經》中，也有不少相關章節的內容對於按摩起源、手法、臨床應用、適應症狀、治療原理都有非常精闢的說明。醫聖張仲景在《傷寒雜病論》中，更提倡了膏摩療法，也就是將配製好的草藥塗抹在患者身上的患部區域，然後用一些按摩手法在上面擦揉按摩，讓按摩手法與藥用的雙重作用，提高疾病整治的療效，也擴大了按摩的應用範圍。

　　春秋戰國時代，按摩治療法開始被廣泛應用在醫療方面，在中國古代的醫學著作中，詳細記載了按摩可以治療許多非急性的症狀。魏晉南北朝時期，導引按摩作為養生的重要方式受到世人的推崇，當時設有按摩科，有了按摩專科醫生這稱謂的職位。按摩在這時期已經開始蓬勃發展，到唐代有了按摩科的設立，並把按摩醫生分成按摩博士、按摩師和按摩工等等級，開始了有組織的按摩教學工作，這個時期自我按摩作為按摩的一個內容十分盛行，自我按摩的廣泛發展，說明按摩療法重視預防，而隋、唐時期是按摩推拿發展史上最為輝煌的時期，按摩不僅流傳於民間，也開始傳入了朝鮮、日本、印度等國家；到了宋元時期，按摩運用的範圍就更加廣泛了。

　　明代時期開始有了小兒按摩科，使得小兒按摩的進步更為突出，而推拿一詞便是出現於此一時期。清代雖沒有設按摩科，但由於按摩的療效對疾病非常顯著，所以民間發展非常昌盛，而且在理論上的記載與實證也有很大的提高，明清這兩時期的發展對按摩推拿這種疾病治療法，有了系統性和全面性的應用。

　　有關按摩在國外的起源與發展方面，根據楊明磊2005年的研究指出，西元前5世紀時由醫學之父Hippocrates首先描述了按摩在治療上的重要性，Hippocrates認為，摩擦或按摩是「健康的齒輪」（wheel of health essentials），是一種治療性處置，後來甚至將醫療直接定義為按摩的藝術。西元前1世紀，在古希臘羅馬時代的競技運動場上，已有一種稱為「運動按摩術」（athletic massage or sports massage）的方法，被普遍地作為比賽前提升運動能力與比賽後消除疲勞、恢復體力之良方，如1900年的奧運會中，便有許多國家都給予其運動選手運動按摩的服務（黃新作，2004）；此外，羅馬人也習慣於在洗澡後用植物精油進行按摩。16世紀後期，法國醫界將按

摩視為醫學臨床技術的一種。18世紀起按摩開始風行於歐洲，整個歐洲受到一位瑞典籍醫師的影響非常大，因該位醫師所提倡的瑞典式按摩強調醫療健身，他運用生理學的知識，發展出按摩與身體應用的治療系統，並將按摩分為：虛性動作、健身動作、力量控制、醫療摩擦、振動頻率和規則性巡迴（蔡麗玲，1999）。

19世紀起，按摩已被廣泛的運用於醫學治療中。1930年代丹麥的按摩治療師發展出手動淋巴引流按摩，這種按摩方式是由緩慢、細緻、重複的動作組成輕柔而有力的技巧，經由輕柔的撫觸、移動皮膚，能刺激淋巴系統和改善阻塞狀況，從自我治療小腫脹到專業治療慢性水腫，均可以應用這個技巧。倫敦的醫院在1997年研究發現，手動淋巴引流按摩能減輕腫脹、改善疼痛和疲倦等症狀，並促進情緒的健康（林瑞瑛，2004）。目前西方較常見的按摩包括瑞典式按摩、運動按摩、穴道按摩與指壓、人體反射區按摩、身體反射點按摩等。

▶ 第二節　運動按摩的種類與效用 ────

按摩的效用有很多，運動按摩較一般的按摩不同的是，它主要是施用於運動員與一般休閒運動愛好者，運動按摩可以促進身體健康、增進運動效能、提振或舒緩運動心理、減低運動傷害與酸痛的一種按摩技術。在運動之後，運動按摩其實是非常重要的，因為運動按摩不但能舒緩肌肉緊張，也能有效減少運動傷害的發生率，改善身體柔軟度及減輕痛楚。

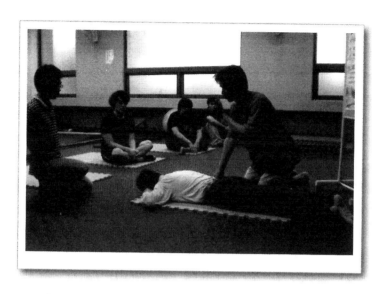

運動按摩不但能舒緩肌肉緊張，也能有效減少運動傷害的發生率
（紀璟琳提供）

一、運動前按摩

　　體育運動一般分為運動訓練和運動競賽，在這些活動之前進行的按摩，稱為運動前按摩。它能促使人體的神經、肌肉、關節、內臟器官和心理情緒動員起來，以適應即將面對的運動的和心理的負擔，從而預防傷病菌，提高體力，發揮積極的作用。

　　運動前按摩可使身體的神經、肌肉、關節、內臟器官和心理等各方面活絡起來，不但可以適應即將面對的運動的和心理的壓力或負擔，甚至可以對提升運動成績產生正面的作用；運動訓練前的按摩，要求幫助運動員提高訓練作業的能力，幫助促進身體素質的發展，預防疾病，並促使人體各系統的器官都動員起來，以適應即將參加的運動活動。

　　運動前按摩在具體操作上，必須根據運動項目的特點，以及運動員的個體特點進行。像一些能量消耗較多的運動項目，如中長跑、游泳、自行車、籃球、足球、排球等，於運動前採用按摩的方法，來代替需要消耗部分能量的準備活動，就可為運動提供更多的能量。

二、運動後按摩

　　運動後的全身按摩，通常是一週一次的進行，故安排上以一週一到兩次為度，並安排在訓練後休息一到兩個小時或更長的時間後進行，最好是在溫水浴後，在溫暖、清靜的室內進行，或是在洗完熱水澡後，於溫暖、安靜的室內進行。

　　運動員舒適地躺在床上，裸露著被按摩的部位，依照胸、腹、上肢、下肢的次序，順著血液和淋巴回流的方向進行按摩，使用揉捏、推壓、搖晃、抖動等手法，由重到輕；同時根據各個部位的疲勞情況，循經取穴，施行揉、撚、推、掐等手法，調和氣血，快速地消除疲勞。如按摩進行到運動員快要入睡，可停止按摩，為被按摩者輕輕蓋上被子防止感冒，即可結束。運動員睡醒之後，便會精神飽滿，全身舒適。

三、比賽前按摩

　　運動員如果在比賽前一刻過度興奮，坐立不安、情緒激動、脈搏升高、呼吸迫促，出現多尿情形，動作的準確性和協調性也受到不良影響，會嚴重影響運動比賽的成績與技術的充分發揮時，此時運動競賽前的按摩，就更顯重要。運動比賽前的按摩，通常是在比

賽前的十五到三十分鐘完成。有時，當運動員在接到競賽通知時，就出現了賽前狀態，有的人會出現不良情況，需要進行醫學處理，這就是說，需要在競賽前若干天就進行按摩。某些運動員在大腦接受到未來即將比賽的訊息時，會出現賽前的不安狀態，嚴重的會出現心理與生理上的不良情況，如果在比賽前幾天進行運動按摩可能會有幫助。例如，競賽前當運動員過分緊張，晚上不易入睡或入睡後多夢易醒，或惡夢不安等，影響到運動員的睡眠品質，而由於夜不得眠，便出現了白晝精神不振、煩躁不安、食欲不佳等症狀，緊接著便影響到比賽成績。

　　由於運動員參加競賽時必須處在最佳的競技狀態，才能有好的競賽精神與絕佳的體能。出現這種情況時，就應該進行鎮靜安眠的按摩。倘若失眠的時間較長，症狀較嚴重的運動員，除了運用上述的按摩法之外，尚必須進行穴位的按摩，如按摩氣沖穴，掐、揉神門穴與掐行間穴等。所有這些穴位的按摩與刺激，用力都不可過重，以有輕微酸脹感為度。一般來說，使用力道不要過重，通常會進行二十分鐘，或更長的時間，以舒緩運動員的身心狀態為度。

四、比賽後按摩

　　經過激烈的運動訓練或競賽之後，運動員的神經、體液、呼吸、消化、代謝和酸鹼平衡等方面，都會發生巨大的變化，這些變化係一時破壞機體內環境的平衡，以因應高度集中的競賽環境。

　　在激烈的運動比賽之後，運動員的神經系統、內分泌系統、循環系統、呼吸系統、消化系統、身體代謝和體內酸鹼值平衡等方面，都會發生非常大的變化，這些生理變化會暫時破壞身體內的平衡，但它會很快又達到新的平衡，這個新的平衡，通常都代表著身

體機能的提升，但事後會很快的回復原有的平衡狀態。這些不斷循環的平衡變動狀態通常會使得身體的運動能力提高。但是，在內環境各機能系統達到平衡的過程中，有時會出現遲緩環節，一般的表現有：精神過度緊張、失眠、肌肉緊張、疲勞等現象。運動後的按摩，可以促使這些現象消除，加速內環境達到新的平衡，加速提高對運動的負荷能力，及完成對後面運動負荷的準備。

運動後按摩所採用的手法、力度、時間的長短等，均應根據運動員的體質、性別、運動項目的特點，特別是要求根據運動後反應出來的情況，如頭昏或脹、欲嘔、四肢乏力、肌緊張、失眠等現象來決定。另外尚需要遵守個別對待原則，不可千篇一律。運動後按摩通常採用的手法有撫摩、揉捏、推壓、振動和抖動等，對體質強壯，肌肉發達者，按摩力量可稍微重一些，時間也可以稍微拉長一些；如果運動員身材比較單薄，按摩力道則可能要輕一些，時間應當短一些。運動員在十分疲勞的情況下，常採用經穴按摩，其手法是按、壓、分、揉、掐、推等，以疏通氣血，內外通達，平衡陰陽，使運動能力得到較快的恢復，並有所提高。運動員在比賽後十分疲勞的情況下，如果接受適當運動按摩可使運動能力得到較快的恢復，並有所提高。

▶ 第三節　運動按摩的手法 ────────

依照使用的手法及基礎理論的不同，運動按摩有許多不同的名稱，什麼時後候採用哪一種按摩也要從運動員本身的個別狀況及需求、按摩使用的時機，以及按摩師本身的偏好等各種因素來綜合判斷。以下是按摩手法的種類：

一、滾動法

　　手背在身體表面進行連續性的滾動，稱為滾法。以其滾動之力作用於身體表面，刺激平和，安全舒適，易於被人接受，具有良好作用。其要點是：拇指自然伸直，餘指屈曲，小指、無名指的掌指關節屈曲，約達90度。餘指屈曲的角度依次減小，如此使手背沿掌橫弓排列呈弧面，使之形成滾動的接觸面。　.

二、揉動法

　　以指、掌的某一部位在身體表面部位上做輕柔靈活的上下、左右或環旋揉動。揉法是常用手法之一，根據肢體操作部分的不同而分為掌揉法、指揉法等。其中指揉法分為拇指揉法、中指揉法等多種揉法。其要點是：力道要適中，以被按壓者感到舒適為優先。揉動時要帶動皮下組織一起運動，動作要靈活而有節律性。要掌握好揉動頻率，不可在體表進行摩擦運動。

三、摩擦法

　　用指、掌貼附於相關部位，做快速的直線往返運動，使之磨擦生熱，稱為摩擦法。其要點為：著力部分要緊貼體表，直接接觸皮膚操作，不宜過度施壓，須直線往返運行，往返的距離應盡力拉長，力量要均勻，動作要連續不斷，有如拉鋸狀。摩擦力不可過大。操作時如壓力過大，則手法重滯，且易擦破皮膚。長時間的操作或擦後易導致皮膚破損，故應避免擦破皮膚。

四、搓動法

用雙手掌面夾住肢體或以單手、雙手掌面著力於施術部位，做交替搓動或往返搓動，稱為搓動法。以雙手夾搓，形如搓繩，故名搓法。其要點為：雙手掌面夾住施術部位，使按摩者的肢體放鬆。以肘關節和肩關節為支點，前臂與上臂部主動施力，做相反方向的較快速搓動，並同時由上向下移動。操作時動作要協調、連貫。

五、抹法

用拇指指腹或掌面在身體表面部位做上下或左右及弧形曲線的抹動，稱為抹法。抹法的用力要求較輕，也可往返移動，又可分為指抹法與掌抹法兩種。其要點為：操作時手指指腹或掌面要貼於按摩部位的皮膚表面，用力時要控制均勻，動作要和緩靈活，抹動時，不可牽動深層部位的組織。

六、點法

以指端或關節突起部點壓施術部位或穴位，稱點法。主要包括指點法和肘點法兩種。其要點為：用力要由輕而重，平穩持續地施力，使刺激充分達到身體內部。點法結束時要逐漸減低力，施力過程要緩慢，不可突然將力量加大或變小；若突然發力或突然收力施用點法，對方會產生很大的不適感和痛苦。

七、捏法

　　用拇指和其他手指在施術部位做對稱性的擠壓，稱為捏法。捏法可單手操作，亦可雙手同時操作。其要點為：用拇指和食指、中指指面或拇指與其餘四指指面夾住施作部位的肢體或肌膚，相對用力擠壓，拉或拽，隨即放鬆，再擠壓、拉拽，再放鬆，重複以上擠壓、放鬆動作，並如此不斷循序移動。施力時拇指與其餘手指雙方力量要對稱，用力要均勻柔和，動作要連貫而有節奏性。

八、拍法

　　用掌面拍打體表，稱拍法。拍法可單手操作，亦可雙手同時操作。其要點為：五指併攏，掌指關節微屈，使掌心空虛。腕關節適度放鬆，前臂主動運動，上下揮臂，平穩而有節奏地用虛掌拍打施作部位。用雙掌拍打時，宜交替操作。操作時動作要平穩，要使整個掌、指周邊同時接觸體表。腕部要適度放鬆，上下揮臂時，力量透過有一定放鬆度的腕關節傳遞到掌部，不可過度用力。

九、撥動法

　　以拇指深按目標部位，進行單向或往返的撥動，稱撥動法。其要點為：拇指伸直，以指端著力於施作部位，其餘四指置於相應的位置以助力，拇指下壓至一定的深度，待有酸脹感時，再做與肌纖維或肌腱、韌帶成垂直方向的單向或來回撥動。若單手指力不足時，亦可以雙手拇指重疊進行操作。

十、振法

以掌或指在體表施以振動的方法，稱為振法，也稱振動法。分為掌振與指振法兩種。其要點為：以掌面或食、中指指腹著力於施作部位上，注意力集中於掌部或指部。掌、指及前臂部靜止性用力，產生較快速的振動波，使施作部位有被振動感或溫熱感。掌指部與前臂部須靜止性用力。以指掌部自然壓力為度，不施加額外壓力。所謂「靜止性用力」，是將手部與前臂肌肉繃緊，但不做主動運動。但有的振法操作，在手部和前臂肌肉繃緊的基礎上，手臂做主動運動，可以使作用時間持久。

▶ 第四節　運動按摩應注意事項

運動按摩若不小心會造成受按壓者的傷害，因此部分細節尤須注意：

1. 按摩者在按摩前要修剪指甲，將手洗乾淨。
2. 按摩者要將手環、手錶、戒指等東西先行取下，不可戴著幫人按摩。
3. 按摩者語氣、態度要祥和，於事先應向對方做簡單的解說，表明要進行的按摩方式。
4. 按摩手法與力道要適中，除了在過程中記得要適時詢問外，並應隨時觀察對方的態度與表情，不要讓對方感覺不適。
5. 按摩時間不可太長，最多不要超過半個小時為宜。

6. 用餐或進食之後，不要進行按摩，一般最好在餐後二小時左右比較適當。

7. 按摩者在按摩時要用浴巾或毛巾將對方身體蓋好，以免著涼感冒。

8. 被按摩者的心理與身體要放鬆，如此可使效果更好。

9. 被按摩者在按摩後記得喝溫開水，可幫助身體新陳代謝。

10. 忌為有急性傳染病或急性炎症，和腹痛難以忍受按摩的病人按摩。

11. 忌為有皮膚病者、有急性傳染病等疾病者按摩。

12. 忌為有脊椎病、肺病、心臟病、肝、腎病等疾病者按摩。

13. 忌為有腫瘤、糖尿病、肺結核、血友病、懷孕婦女等按摩。

問題討論

一、何謂運動按摩？

二、運動按摩除了基本手法外，還有哪些輔助器材？

三、運動按摩的效用有哪些？

參考文獻

88DB.com 服務網。按摩的起源及發展，http://hk.88db.com/hk/Knowledge/ Knowledge_Detail.page?kid=20929，檢索日期：2010年10月15日。

穴道按摩。「健康講座」，〈穴道按摩〉，王先甫文，http://vschool.scu.edu.tw/ Class02/Content.asp?Data_Code=434，檢索日期：2010年10月15日。

林瑞瑛譯（2004），克萊・邁斯威爾-哈遜（Clare Maxwell-Hudson）著。《世紀按摩全書：各國按摩技巧完全指南》。臺北：新女性。

金黔健康。千年中醫推拿 功效在推拿，http://health.big5.gog.com.cn/system/2009/09/ 01/010639136.shtml，檢索日期：2010年10月15日。

神農氏（資訊站）—傳統中醫藥文化。中醫推拿簡史，http://www.shen-nong.com/ chi/treatment/massage_development.html，檢索日期：2010年10月15日。

無標題文檔。推拿手法專題學習網站，暨南大學醫學院中醫系，http://202.116.0.134:82/gate/big5/course.jnu.edu.cn/cxgc/tnsf/yemian/index.html，檢索日期：2010年10月15日。

黃新作（2004）。《運動按摩之理論與實際》。臺北：師大書苑。

楊明磊（2005）。「按摩對人之生理與心理影響」，發表於銘傳大學2005年國際學術研討會。

運動按摩_互動百科。運動按摩，http://www.hudong.com/wiki/ %E8%BF%90%E5%8A%A8%E6%8C%89%E6%91%A9，檢索日期：2010年10月15日。

蔡麗玲主編（1999），克萊・麥斯威爾-哈遜（Clare Maxwell-Hudson）。《奇效按摩》（The Complete Book of Massage）。臺北：培根文化，八刷。

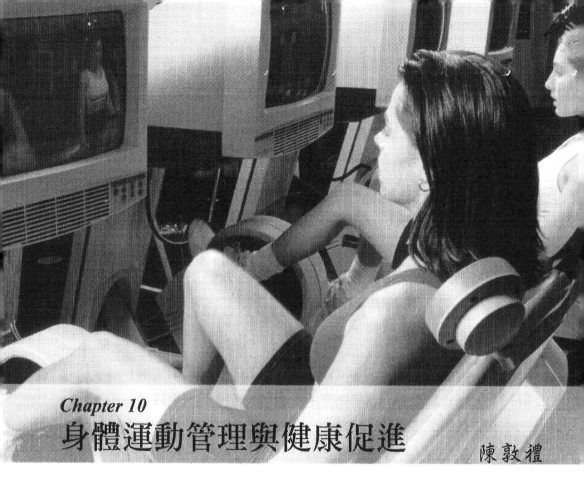

Chapter 10
身體運動管理與健康促進

陳敦禮

單元摘要

本章從釐清運動的理由開始談起，闡述與解答何以要從事運動的原因，繼而強調提升體適能的重要性與運動計畫之擬定，以及詳細介紹簡單而有效的運動方法。最後再更深入探討合適的運動量之相關問題。

學習目標

- 協助讀者建立運動提升體能的基礎概念
- 瞭解運動改善體能的方法
- 儲備與醞釀個人對健身運動獨特的中心哲學思想
- 達到妥善的身體運動管理與健康促進

▶ 前言

　　我們身上有多餘的錢時，會將錢存在銀行或郵局，銀行或郵局則會發給我們一本存摺。每一個人都愛這本存摺，並無時無刻不希望存摺內看得見的數字愈大愈好，而且也總是非常樂觀與積極地累積它、豐富它；但人們往往不知，我們的一生還有一本存摺，這本存摺叫做「健康存摺」。

　　健康存摺的盈虧消長、存款多寡的變化，難以用量化來計算，當然也就沒有明確的數字，這使得人們往往忽略了它的存在。於是，有朝一日，當病痛來襲，覺得身體不舒服或體力衰退時，這才意識到我們還有一本最重要的存款簿，而這本存款簿裡面的存款已經快花光了。

　　每一個人都相信自己是愛自己的，但是「愛自己」往往卻是那麼的不用心、不踏實，而它也只是一個虛幻的概念與詞句；健康存摺內的存款究竟有多少，往往不太關心。如果我們每天只求金錢存摺裡面的數字愈大、吃得愈好、住得愈舒適、行得更方便、穿得更漂亮、玩得更高興，而不願意落實健康管理、用心照顧自己的身體與心靈，我們都還不算是真的那麼愛自己。身體健康是人人所希望的，而平常我們卻往往沒有積極地去促進、維護或管理身體的健康——充實存摺裡面的存款。

　　健康存摺的存款少了或用光了，那麼就算有好吃的東西，我們也會覺得索然無味；有舒適的住處，我們不覺得舒服；有方便的交通工具、漂亮的衣服、好玩的地方，似乎也不再令我們感到興趣；更重要的是，此時金錢存摺內的存款我們已經用不到它了，對我們

而言，就只是一些「數字」罷了。

　　積極從事健康管理，是為了免於病痛，免於上醫院。倘若一個人能夠定期做健康檢查，一有毛病便立即治療，另外也常做身體適能之評估與實施周詳的運動計畫，以維持、提升或改善自己的體能，相信在其一生中，必能減少很多病痛或身體不適之苦。相對的，可以節省許多就醫的金錢與時間，無形中提升了生活品質，也讓他／她能享受更美滿的人生。因此，隨時關心自己的體能狀況，平時努力去保持個人的體能水準，是最好的預防疾病與保持幸福的方法。一般人平日吝於花一點精神、時間去維護自己的體能，只好提早去花更多金錢與浪費更多時間看醫生治病；平時不去積極維護身體健康（如拒吸煙、多運動、作息正常），到最後，只好消極地去做補救生命的工作，而這往往是事倍功半。

　　如果我們的個體具備有良好的身體適能，心、肺、血管、肌肉、器官、組織等都能夠發揮相當有效的機能，使我們除了能勝任平日的工作外，又有多餘的精神體力去享受休閒娛樂生活，進而提升我們的生活品質，使我們的一生有更長的時間過得更快樂、更美滿、更幸福，這便是從事健康管理的目的與意義所在。

　　因此，平時就做好保健的工作並維持良好的身體適能，是多麼重要的事。一個人一生中最貴重的財富，不是他的洋房，也不是他的名貴轎車，而是他的「健康」。而其畢生財富之多寡，亦端賴其身體健康、生活快樂的時間之長短所決定。鍛鍊強健的體魄、維持高水準的身體適能，是一個人一生中最明智的抉擇與最大的成就。積極從事健康管理是讓自己獲取最大成就的手段，也是真正愛自己的方法。

▶ 第一節　運動的理由 ─────────

由於文明的進步與科技的發達，使人類的生活方便不少。然而，就是由於處處「便利」，使得我們失去了很多讓身體活動的機會，因而有愈來愈多、愈來愈嚴重的文明病發生，諸如高血壓、糖尿病、腦血管病變及癌症等，在我們的四周層出不窮，人人每天都生活在這些文明病的陰霾裡。

從前，人的生存既有賴於逃避危險，又要依靠艱苦勞動，這種生活自然要求身體健康。現在，我們許多人既不用下地勞動，也不靠狩獵維生，而是白天伏案工作，晚上坐在電視機前看電視，汽車也已是我們生活中不可或缺的東西。日常生活中既已不提供保持健康所需的活動，我們理應另覓他法。

雖然醫藥發達讓人類的壽命延長不少，但是我們必須注意，生活過得愈來愈舒適的我們，體能狀況也愈來愈不如從前的人。「活得較久，不見得就活得較好」，有太多太多人抱病多活了數年，甚至一、二十年，端賴醫學技術與藥物維持生命；生命是延續了，但生活品質幾近於零，生活中的歲月漫長而空洞。「健康存摺」要的不是表面上年齡數字的增加，而是健康身體狀況維持時間的延長。

健康的身體及良好的體能維持到六十歲的人，會比自中年就身體不適，常常要就醫而活到七、八十歲的人過得要有意義而且幸福。職是之故，如何降低文明病的發生率與嚴重性，以及如何提升個人的體能，並把良好的體能維持得愈久，是身為現代人所應具備的重要觀念及所必須面對的切身問題。而我們的個體具備有良好的身體適能，心、肺、血管、肌肉、器官、組織等都能發揮相當有效

的機能，使我們除了能勝任平日的工作外，又有多餘的精神與體力去享受快樂的休閒生活，進而提升我們的生活品質，使我們生活中有更長的時間過得更快樂、更美滿、更幸福，這是全面性提升身體適能的意義與目的所在。而「運動」正可以有效幫助我們改善身體適能，以達到這個目標。

生物的進化是以該物種遺傳範圍內的異質性為基礎。而生存是進化成功並適應某一特殊環境的方法。幾百萬年來，幾乎每一人種都有充裕的戶外運動，如狩獵、搜尋食物、抵禦外來的侵害等野外活動，這似乎是長年以來生活的主要內容。而由於遺傳基因的進化改變，使人類的生存機會提升，也使其更能適應周遭的環境；另外由於心理、社會及智能的不斷發展，我們的生活更加簡便，效率也更高。然而人類長久的勞動社會，卻在經過短暫的農耕時代後，急遽轉為都市化、科技化的社會，讓坐式生活方式占滿了我們的生活。於是在社會人口老化與疾病、體適能等方面，發生了很不正常的變化。文明進步到今天這種地步，我們還是要回到原來的地方，找尋並遵從固有的原理原則，亦即「身體活動」。因為，運動是人類生活的基本內容，也應驗了孟子所說：「道在邇，而求諸遠；事在易，而求諸難」的道理。

身體的運動，將可以解決很多因文明進步所帶來的負面問題，甚至提高人類素質，增進人類的福祉。其理由可分下列幾個方面加以說明：

一、肌力方面

隨著年齡增加，肌力通常會隨著肌肉質量的減少而衰退。這種與年齡有關的變化與運動神經單位的減少有關，而失去運動神經單

位的肌肉纖維，若有新的神經分配聯結，也可再度發揮功能。對肌肉實施重量訓練或讓肌肉承受較大的負荷，可以非常有效地達到這個效果。而良好的肌肉適能對身體有下列幫助：

1. 適當的肌力訓練使肌肉變得較結實而有張力，避免肌肉萎縮、鬆弛。
2. 適當的肌力有助於維持較勻稱的身材。
3. 肌肉適能好，則身體動作的效率較佳，而且應付同樣的負荷較為省力又耐久。
4. 肌肉、關節可因較好的肌肉適能而得到較好的保護，避免運動傷害。
5. 腹部及背部的肌群強而有力，可以保護骨盆、腰椎，尤其避免腰椎過度彎曲，壓迫脊髓神經，造成疼痛。

二、心肺功能方面

心肺功能通常被認為是健康適能要素中最重要的一項。它代表身體整體氧氣供輸系統能力的優劣，其所涉及範圍包括肺呼吸、心臟，以及血液循環系統的機能。良好的心肺功能對身體的幫助有：

1. 心肌經運動刺激後，將變得比較強而有力。因此，使得心臟輸血能力增強，每分鐘的心跳次數減少。
2. 血管彈性變好，微血管在組織中的生長分布也較密，比較有利於血液的運輸。我們知道，血管口徑變窄、血管逐漸硬化而失去彈性，都會造成健康上的威脅。
3. 心肺適能好，肺呼吸量大，肺泡與微血管間進行氣體的交換，效率較高。

4. 血液中的血紅素含量較多，有利氧氣的輸送，同時也造成高密度脂蛋白與低密度脂蛋白之比值提高，減少心臟病的罹患率。

5. 日常生活中，較輕微但時間長的身體活動，需要仰賴有氧能量系統供應能源，而有氧能量系統的運作與心肺適能關係密切。因此，心肺適能好的人，長時間的身體活動比較不會有疲勞提早出現的情形。

總而言之，運動能降低血壓，降低膽固醇水平，改善肌肉和脂肪的比例，增強心臟功能，因而能夠減少心血管疾病（cardiovascular disease）致死的可能性。

三、柔軟性方面

柔軟性是指關節的可動範圍。如果關節愈少活動，則其將漸漸僵硬，使活動範圍縮小；一旦突然間需要做較大範圍的活動時，便極易受傷，運動能力及成績也大受影響。保持關節適度的柔軟性，有下列好處：

1. 避免關節僵硬及肌肉縮短，使身體活動更靈活，肌肉活動效率更高，亦可減少因肌肉緊張所帶來的提早疲勞與酸痛。
2. 柔軟性好的人，身體動作比較優美，活動也較自如。
3. 柔軟性佳，肌肉的延展性好，肌肉便不易拉傷。而關節活動範圍大，在用力較大的運動狀況下，比較不會有扭傷的危險。
4. 柔軟性好有助於提升運動能力。如跨欄選手之髖關節柔軟性

必須要好；西洋擊劍選手之腿後側肌延展性也要好，才能夠跨大步出擊。

四、體重控制方面

現代人白天伏案工作，晚上坐在電視機前看電視，脂肪的累積快又驚人，無不企望能夠消耗掉身體累積的多餘熱量，減掉身上多餘脂肪，成了運動訴求的重點，而運動恰恰好有下列優勢：

1. **運動可多消耗身體的能量**：運動可使身體消耗比平常休息時還多的能量。除運動當時消耗不少能量外，運動後尚能持續約六至八小時的時間，讓身體一直都維持比一般休息時還高的代謝率，故能比平常休息時消耗更多熱量。

2. **運動有抑制食慾的效果**：經實驗證明，老鼠在運動後食量減少了；將學童遊戲活動時間，由午餐後改至午餐前，其食量亦有減少的趨勢。通常規律的有氧運動有減少食慾的效果，有助於避免飲食過量。

3. **運動在減肥效果上，可以增加脂肪的消耗，減少非脂肪成分的消失**：純粹利用飲食節制的減肥方法，會造成肌肉的大量流失、肌力衰退、身體虛弱。而飲食節制與運動兼顧的方法，則可以增加脂肪組織的減少，保持甚至增強肌肉的作用。

五、敏捷性方面

敏捷性乃指爆發力、速度、反應時間等綜合能力，亦即運動

神經的反應能力。運動可以有效維持甚至提升這方面的能力，使身體或肢體能夠做有效且迅速的改變位置或方向，例如開車、騎車、打躲避球等可能有突發狀況的活動中，皆需要很好的敏捷性。而敏捷性若不好，通常身體的應變能力便差、反應便遲緩，極易發生危險，或運動表現不良。

六、其他

1. **運動能增進骨骼形成，延緩骨質損耗**：經常運動還有一個重要的好處─能增進骨骼形成和延緩骨質損耗，從而減少罹患骨質疏鬆（osteoporosis）的危險，這對婦女而言是很好的益處。對已罹患骨質疏鬆症的婦女來說，運動可防止病情惡化。
2. **運動能減少胰島素的分泌**：經常運動還能減少血糖刺激下的胰島素分泌，所以能夠控制糖尿病（diabetes）的病情，和減少成人型糖尿病的危險。

▶ 第二節　體適能提升的重要性與運動計畫的擬定

一、體適能提升的意義與其重要性

近來由於文明的進步、科技的發達，人們足不出戶，藉著電視、收音機、書報等便能知天下事；上班、上學，甚至到隔壁巷口

商店買個東西都有代步的交通工具；電話、電腦、傳真機等，每每為我們省下無數倍的人力、金錢及時間，大大提高我們辦事的效率。而因為如此的「便利」，使我們失去了不少讓身體活動的機會，也就伴隨著愈來愈多、愈來愈嚴重的文明病產生，如高血壓、心臟病、糖尿病、腦血管病變、癌症等，在我們四周層出不窮，人人每天都生活在這些文明病的陰霾裡。

雖然醫藥的發達讓人類的壽命延長不少，但是我們必須注意，生活得愈來愈舒適的我們，體能狀況是愈來愈不如從前的人。一如前面所述，活得較久不見得就活得比較好，有太多人體能極差或長期生病，全靠醫學技術與藥物而多活好幾年，生活品質卻極低。因此，健康身體狀況的維持時間之延長，是體適能提升的意義所在。換句話說，如何提升個人的身體適能，並把良好的身體適能維持得愈久，是身為現代人所應具有的重要觀念，且是必須面對的切身問題。

如何降低文明病的發生率與嚴重性，與我們的個體是否具備有良好的身體適能，使心、肺、血管、肌肉、器官、組織等都能發揮相當有效的機能有著正相關。如果我們能勝任平日的工作外，又有多餘的精神體力去享受休閒娛樂生活，進而提升我們的生活品質，使我們有更長的時間過得更快樂、更美滿、更幸福，這便是全面提升身體適能的意義與目的之所在。

以下簡圖說明提升身體適能的意義與目的之所在：

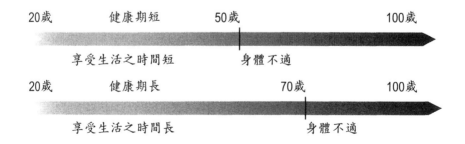

二、體適能計畫的擬定

　　古希臘（460B.C.）名醫希波克拉底（Hippocrates），一再主張人必須要多運動。人如果有運動的話，身體各部位的功能都會健康而且發育得很好，甚至不易老化。如果沒有運動的話，身體容易生病、不健全且容易衰老。兩千多年後的今天，這個主張不但沒有受到反駁，反而因科學上的證實而更得到支持。而此理念也成為今日提升體適能之運動計畫編排的基礎。

　　運動固然重要且有數不完的好處，然而身為現代人所應持有對運動的觀念，不應該只停留在過去「只要身體有活動、有流汗，想運動的時候就拼命運動」那種初淺的認識。我們應當彙整醫學、解剖、生理、心理等各方面的知識，重新建立起對運動更合理、更完整、更現代化的觀念。因為運動不再是「身體有活動、有流汗」那樣的單純思維，它還涉及到各種層面的問題，諸如身體有什麼毛病的人適合做哪一類運動？不同體能狀況的人其運動強度、持續時間是否應有所不同？動作錯誤的運動會對身體造成什麼不良影響？有心臟病者是不是不該運動？運動對減肥或增加淨體重的效果如何？問題可謂多得不勝枚舉，因此我們必須集結各方面的知識，好好規劃一個完整的運動計畫，以免「未得其益，先受其害」。

　　我們應讓運動真正幫助我們提升個人的身體適能，使我們擁有更幸福、更美滿的人生。所謂身體適能（physical fitness），乃泛指肌肉力量、肌肉耐力、心血管循環耐力、身體柔軟度、敏捷性、平衡感、協調性、反應時間、身體組成（淨體重、脂肪率）、瞬發力等身體各方面的情況。而這些情況尤以肌肉力量、肌肉耐力、心血管循環耐力、身體柔軟度、身體組成五項之變化較大，且與身體健

康有著密切的關係，而特別受到重視，也就是說，它們被忽略時，衰退的情形會很嚴重，而若經過訓練，改善的情形又會很顯著，此五項也直接代表體能的好壞。針對上述各項身體適能的要素，利用現代進步的科學儀器、醫療檢驗器材或某項身體適能的要素，均能測出其個別能力。藉著瞭解這些體能要素個別的能力，以作為個人運動計畫編排的依據。

完整的計畫說明如**圖10-1**：

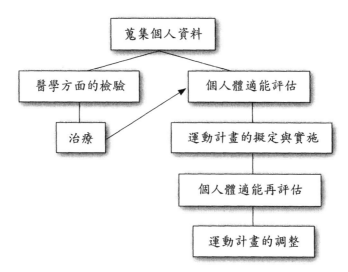

圖10-1　增進個人體適能計畫之模式圖

資料來源：陳敦禮（1993a）。

1. **蒐集個人資料**：編排運動計畫之前，首先需蒐集個人有關解剖及生理方面的各種資料，並做成紀錄。例如骨骼發育是否完整？上下肢左右兩側長短是否一致？關節活動度是否在正常範圍？肌肉有無發育不良？做動作時的姿勢是否異常？呼

吸循環系統功能是否太差？內分泌與消化系統是否有不正常
現象等等。

2. **醫學方面的檢驗與治療**：如果個體在解剖及生理方面有不正
常現象，則必須由醫師徹底做檢查，一旦發現有毛病而為醫
學上所能克服，便立即做治療。疾病痊癒後馬上可進行個人
體適能評估。

3. **個人體適能評估**：個人身體解剖構造及生理功能方面沒有因
為做一些運動而會受到不良影響的因素，或者身體有毛病而
經治癒等，便可開始評估個人身體適能。

4. **運動計畫擬定與實施通則**：注意事項簡述如下：

   (1) 個體化：安全而合理的運動或運動量主要是根據運動
   者目前的體能水準高低而定的。所謂「好漢不言當年
   勇」，千萬不要因過去有極佳的體能，而把現在的運動
   強度訂得太高，也不要跟您的朋友或週遭的人比較。剛
   開始實施運動的人可以把運動強度設定在最大運動強度
   的70%左右，例如一個二十歲的人，其心跳率約為200次
   ／分（220－20＝200），則他運動時的強度約在心跳率
   140次／分即可。

   (2) 循序漸進：一般人所犯的毛病是運動量突然增加得太強
   或太多，以致容易引起肌肉酸痛、肌肉拉傷、韌帶斷裂
   等傷害，甚至發生暴斃的不幸事件。「循序漸進」才不
   會造成運動傷害或喪失興趣。

   (3) 確立合理目標：個人必須訂定自己的運動目標，使本身
   足以產生滿足感和成就感，如此運動才可能持續下去。

   (4) 依次做記錄：將每次運動的時間、距離、運動時的心跳
   率，或對於運動負荷的主觀感覺都記錄下來，可以促進

成就感和持續運動的動機。

(5) 考慮不需要特殊器材的運動：運動並不一定需要有特殊的器材才行，許多運動，如步行、跑步、游泳、跳舞等有氧運動，都可以健全您的心臟血液循環系統的機能，並增加身體的肌耐力。

(6) 注意氣候條件：心臟病患者應避免在寒冷的氣候下運動，而酷熱又濕的中午也應該避免。一般人，夏天時運動時間安排在早晨或下午是較為合適的，不過也應注意水分之補充。在寒冬理，只要有適當的保暖，常運動也是可以的。

(7) 找適當的地方運動：生活在人口稠密的都市中要找一個運動的地方並不容易，然而，我們並不能以此作為沒有辦法運動的藉口，公園、停車場、街道或小巷都可作為步行或跑步運動的地方。但仍要考慮空氣乾不乾淨以及個人本身安全問題。

(8) 多與別人一起運動：找些興趣相同的朋友、親戚或鄰居一起運動，這樣不但使運動更有趣，而且也有社交的功用。

(9) 一定要避免造成傷害：實施體能運動必須要按部就班，絕對急不得。一般而言，儘量避免精疲力竭的運動，運動完後應該有放鬆與快活的感覺才是。對剛開始運動的人而言，必須避免肌肉受到不必要的酸痛和傷害。

(10) 運動前做健康檢查：實施健康檢查可以避免潛在之病情發作。歷年運動會發生的學生暴斃事件，令人心有餘悸，我們不能不引以為戒。

5. 個人體適能的再評估：經過安排周詳的運動計畫，並確實實

施一段時間（如三週或兩個月）之後，必須重新測驗各種體能要素，特別是計畫安排中特別要改善的項目。如此以瞭解其改善情形，並得以藉此評估實施計畫實施的效果與檢討計畫內容之利弊得失。

6. 運動計畫的調整：運動計畫不是一成不變的，它往往必須隨著體能變化的情形、生活習慣的改變，或心理方面等因素而做適度的調整。譬如，某項體能並無明顯改善，此時便必須探就問題發生的地方，是運動計畫編排有重大缺失，或是自己未能按計畫確實進行？冬天的時候以慢跑訓練心肺功能，夏天到了可以改為游泳，仍然可以達到同樣的目的。

一般在正常的情況下，運動計畫實施一段時間後，體能狀況都會有所改善，這時候運動的強度必須比原來稍微增強，持續時間也可延長，運動頻率甚至運動項目更可加以調整或更換。總而言之，改善體能的運動計畫是相當有彈性的，只要不忽略四項基本要素，並把握運動訓練的基本原則，它是可以在計畫實施一段時間後，依個人的目的、習慣的改變，乃至氣候、地點的不同而有適度的調整。進行適度的調整或有所因應的權宜之計，能使我們更迅速、有效的達到改善體能，甚至維持高水準體能的目標。

三、運動傷害的預防

(一) 運動前的熱身運動

為了避免發生運動傷害，運動之前一定要做熱身運動。熱身運動是從事任何運動之前的好習慣，功效除了使身體對於後來較激烈的主要運動更有準備之外，也可以有避免發生運動傷害或肌酸痛的

效果，熱身運動可漸進式的增加心臟、肺臟的負荷，以及增加血流與體溫。

比較完整的熱身運動應該將全身的主要肌肉群及肌腱伸展開來，以便應付比較強有力的收縮。另外，熱身運動也可以使您在心理上對於較激烈運動更有準備，讓您在經歷到主要運動之前，身心便已有相當舒適的感覺。

運動前可適度地做伸展操，做伸展操的意思就是將身體各關節的活動範圍伸展到最大，讓各肌群拉到最長。每項伸展操的動作一定要緩慢而且平穩地施作，為了防止過度伸展而受傷，快速彈振肢體的動作應避免。被伸展的部分應該覺得緊而不痛，若有輕微疼痛感就要停止。施做伸展操時，應保持緩和、有規律而且較深的呼吸，以協助身體儘量放鬆。

(二) 運動後的肌群伸展

主要運動，如跑步、游泳、騎腳踏車或有氧舞蹈等結束後，也應該實施幾分鐘緩和運動或伸展操，以便藉著血液之繼續循環來排除因運動而於肌肉內產生之乳酸。另外，這種緩和運動或伸展操能使繼續收縮的肌肉幫助擠壓在身體末梢的血液回流至心臟，使腦部及各個器官繼續有充足的血液及氧氣。假設您在激烈運動之後，立刻休息（身體不再活動），則在數分鐘之內，心臟仍然會繼續輸送大量血液至肌肉組織。此時，由於肌肉已完全休息而不再收縮，便無法協助擠送肢體的血液返回中央循環體系，可能會造成血液滯留在肌肉的現象，如此將使身體其他器官有血液供應不足的情形發生。我們常見有人在激烈運動後突然停止而出現頭昏的症狀，便是腦部血液供應不足所致，所以我們在激烈運動之後，一定要保持較低強度的運動繼續活動幾分鐘，以便使呼吸和心跳能逐漸恢復至休息時的正常狀態。

　　由於跑步時腳與地面的撞擊力相當大,因此膝蓋、脛前肌或踝關節較容易受傷。肥胖者或下背痛患者最好避免跑步,而改採其他有氧運動,如游泳、騎腳踏車。

　　以下是避免肌肉抽筋的要領:

1. 不過分疲勞。
2. 適當補充鹽分。
3. 運動前必須做熱身運動。
4. 避免穿戴太緊的衣物或護套,以維持血液正常循環。有機會就常做伸展操,可以幫助解除緊張,使身體更加放鬆,並保持良好的柔軟性。

大家手牽手橫渡溪流,互相照顧的情景 (資料來源:弘光科技大學運動休閒系提供)

　　要注意的是，運動後不可以立刻洗三溫暖和蒸汽浴，以免心臟和血液循環因超負荷而引起心臟衰竭。身體是我們的至寶，健康是我們的權利，保健更是我們的責任。

(三) 根據個體質性擬定適切的運動計畫

　　瞭解個人的健康情形及各項體能狀況，再配合自己特殊的目的而擬定一個無論在強度、時間或內容方面都適合自己的運動計畫，以經濟而有效率地提升個人體能。例如：

1. 確知個人體能情況及身體組成。例如肱三頭肌肌力太差、伏地挺身只能做一下、體脂肪率高達30%等。

2. 實施運動計畫的目的。例如要增進心肺功能、要減肥、要壯一點、要很有力氣但肌肉塊不要太大等。

3. 自己的生活型態。例如朝九晚五的上班族、輪三班制的護士。

4. 個人可能從事的體能活動，不可能或不喜歡的運動項目。例如隨時要打桌球很方便、滑草必須開三小時的車、不喜歡慢跑等。

5. 掌握運動訓練強度漸進的原則。亦即以某一水準的強度訓練一段時間後，必須適度的再加重其強度，使該受訓練的體能項目不斷地提升其功能，並充分瞭解與確認個人「要的是什麼？可以做的是什麼？必須做的是什麼？想做的是什麼？」等問題後，再注意下列四個基本要素，以期擬定一個更合理的有效計畫。

　　(1) 運動強度：指的是運動激烈的程度。例如要增強肌力，強度應設在該訓練肌群最大肌力的三分之二以上，或要

改善心肺耐力，運動激烈的程度必須使心跳率達到最大心跳率的70％至80％以上，這樣才能有顯著效果。

(2) 運動持續時間：指連續運動時間的長短。例如上述改善心肺耐力的運動，必須持續該強度十五分鐘以上才行。

(3) 運動頻率：指每星期運動的日數。例如改善心肺耐力的運動，專家建議最好一星期能夠實施三至五天，在短期間內即有明顯的效果。

(4) 運動項目：指選擇做何種運動以達到改善某項體能的目的。例如要改善心肺功能，可以選擇運動強度並不太大、時間可持續較長、有節奏性，必須利用大量氧氣作為能量的游泳、慢跑、騎自行車、跳有氧舞蹈等運動。

　　注意前述五個問題並掌握四基本要素，便可開始擬定運動計畫並實施之。

(四) 考量運動的危險性

　　雖說經常做運動對健康是不可或缺的，事實是每一項運動都有其危險，尤其是劇烈的健身計畫，而年過四十的人，都不可不經負荷測試，如檢查冠狀動脈疾病（coronary artery disease）和進行全身檢查，就開始實施劇烈的健身計畫。增氧運動將心跳率和肺活量幾乎推至了最高水平，參加者若不先請教醫生，而卻有健康問題未被發現，則後果不堪設想。

　　許多人在開始實施鍛鍊計畫時均熱情高漲，以為鍛鍊有益身體健康的話，那麼鍛鍊得多些就更好了。這種輕率的做法往往會導致受傷。如某些運動（如網球和跳繩等 ）可能會使關節弱或有骨質疏鬆的人難以忍受而受傷；做肌肉強度和耐力鍛鍊時，開始時要慢，

再逐漸地增加重量和次數，一旦強度鍛鍊操之過急，到頭來肌肉很可能會拉傷，肌肉拉傷會使傷者感到很痛，且不易在短期內痊癒；做柔韌性鍛鍊時，如果結締組織伸展過了頭，會引起疼痛，甚至造成永久性的損傷。

四、良好體適能的重要性

我們時有所聞：「萬貫家財，不如健康的身體」，蓋指即使財產堆積如山，物質生活豐富、舒適，如果沒有健康之身體，便不能好好去享用它們；幸福、快樂、舒適，只有身體健康的人所能擁有。健康是人生幸福的基礎，其乃健全的心智與健旺的精神之為首要素，更是快樂的性情和完美的人格的先決條件。偉大的事業，必寓於健康的身體。一個人一生的成就，固然與學問、才能、道德不可分，但尤其重要的，不可否認應屬充沛的精力。否則徒具滿懷壯志，卻因身體衰弱、力不從心，結果盡棄前功，豈非枉然。

「為山九仞，功虧一簣」，世上不知有多少原本極有把握，可以穩操勝券的事，在緊要關頭，不幸由於從事者缺少那點再接再厲的精力，不是半途而廢，就是功敗垂成。歷年皆有一些有才德的人，正在為社會大眾奉獻，一展抱負之際，突然病倒，可說是「出師未捷身先死，常使英雄淚滿襟」，天下最令人扼腕的事，相信莫過於此。

倘若一個人能夠定期做健康檢查，一有毛病便立即治療。另外也常做體適能評估與實施周詳的運動計畫，維持、提升或改善自己的體能，相信在其一生中，必能減少很多病痛或身體不適之苦，相對的也可以省下許多就醫的金錢和時間，無形中提升了生活品質，亦能享受更美滿的人生。現在醫藥發達，可以治療許多疾病並延長

人類的壽命，但是醫院是蓋得愈來愈大、愈來愈多、設備也愈好，醫學技術發展的也愈迅速了，卻依然應付不了愈來愈多的文明病，也永遠趕不上載滿各式各樣大大小小、奇奇怪怪疾病的列車。我們生活於現在的社會，何其可憐？每一個人每天面對疾病的威脅，甚至很可能以後還要準備跟疾病搏鬥數年，甚至一、二十年，才離開人間。身為現代的人們該如何解決這個問題呢？正本清源，真正治本的方法，不外乎「增強個人身體適能」；隨時關心自己的體能狀況，平時努力去保持個人良好的體能水準，是最好的預防疾病與保障幸福的方法。一般人平日吝於花一點精神、一點時間去維護自己的健康，或改善自己的體能，只好提早去花更多金錢與浪費更多時間在醫院治病；平時不去積極維護身體健康（如拒抽煙、多運動、作息正常），到最後就只能消極的去做補救生命的工作。

平時做好保健的工作並維持良好的身體適能，是多麼重要的事。一個人一生中最貴重的財富，不是他的洋房，也不是他的名貴轎車，而是他的「健康」。畢生財富的多寡，端賴身體健康、生活快樂的時間長短所決定。鍛鍊強健的體魄、維持高水準的身體適能，是一個人一生中最明智的抉擇與最大的成就。

▶ 第三節　以運動提升體適能

一、體適能的分類與訓練的基本要素

(一) 體適能的分類

體適能可分為「健康體適能」與「競技體適能」兩種：

1. **健康體適能**（health-related physical fitness）：為維持基本的身體健康與體力，以應付生活所需，為每一個人所必備之體能，其內容包括心肺適能、肌肉適能、柔軟度和身體組成。其中，心肺適能即心肺功能；肌肉適能包括瞬發性肌力、動態肌力、靜態肌力、肌耐力（肌肉持久力或反覆收縮能力）；柔軟度即關節之活動範圍；而身體組成則是指體脂肪率。

2. **競技體適能**（performance-related physical fitness or skill-related physical fitness）：指有關身體表現出較強能力之條件。一般為競技選手所特別需要強化與具備之體力，內容包括速度、敏捷性、瞬發力、平衡感、協調性等。其中，敏捷性指神經反應能力；平衡感則分靜態平衡、動態平衡及維持物體平衡等三種能力；而協調性指的是動作順暢自然。

(二) 體適能訓練的基本要素

許多活動都可增進健康，但有一些活動可能比另一些活動更適合我們。一個全面的健身計畫應包含三個基本的相關要素：心肺適能（心血管耐力）、肌肉適能和柔軟度。根據這個原則，任何健身計畫均應包括下列三方面的鍛鍊：增強心肌力量和肺活量、強化衰弱的肌肉群，以及伸展緊繃的肌肉群。

心肺適能

要提升心肺適能，就要實施增強心肌力量和肺活量的健身計畫。這種計畫通常指有氧運動（增氧運動），它是藉著在一段時間內持續的提高心跳率來完成運動的。有氧運動通常是一切健康計畫的基礎。一般專家建議每週三至五天，每天至少做二十分鐘有氧運

動，才能有效提升心肺適能。實施有氧運動可以選擇任何運用大肌
肉群、鍛鍊心臟呼吸的持續性活動，如步行、游泳、慢跑、騎腳踏
車、越野滑雪、溜冰、爬樓梯、徒步旅行、跳舞，以及籃球、足
球、網球、羽毛球等球類運動。

肌肉適能

　　肌肉強度和耐力鍛鍊，是利用漸進的阻力來增加肌纖維的能量
和持久力，使之發揮較大的體能。俯臥撐、引體向上、伏地挺身、
仰臥起坐、雙或單腿蹲舉、倒立等等，均是利用自己的身體重量作
為阻力源而不需特殊器械的活動。肌肉強度和耐力鍛鍊不僅適用於
舉重、拳擊、田徑等等運動選手，一般人也相當需要；它是增進全
身健康、消耗脂肪、增強肌肉，以及提高代謝率的一種有效方法。

柔軟度

　　柔軟度鍛鍊經常被人忽略。大多數從事體育的專業人員認為，
柔軟度是取得最佳體育表現的一個關鍵因素，它是競技運動取才相
當值得參考的要素。增加關節的活動範圍，是柔軟度鍛鍊的目的。
關節的活動範圍是由許多因素決定的，其中包括關節的結構，以及
肌肉和結締組織（筋膜、韌帶和肌腱）的彈性。肌肉經過鍛鍊，變
得更強健，同時也變得更緊繃。在此基礎上，可預防性的做輕柔的
伸展運動。經常做伸展運動，可減少做強度鍛鍊、跑步和做其他耐
力活動時的肌肉緊繃感，並減少受傷的危險。有些人的身體天生就
不及別人柔軟，為了避免扭傷或損傷，最安全的柔軟度鍛鍊是慢慢
地持續伸展肢體。

　　雖然有愈來愈多的人著手實施身體鍛鍊計畫，但仍有非常高
比例的人會在開始的前幾個月，乃至一年期間內就放棄了。「厭

煩」、「氣餒」，或「缺乏耐心」是他們放棄的主要原因。由於健康要靠不間斷的鍛鍊才能維繫下去，所以「持之以恆」是相當重要的。

「運動貴在有恆」，「優異的體能」與「身體鍛鍊的好處」，通常為「經常運動的人」所享有。為了能夠經常運動，許多人參加健康俱樂部或健身房的活動，並在那裡上訓練課程，這是很好的方法；有些人則說服家人、朋友或同事一起參加雙人伸展、購物中心步行、戶外騎腳踏車等活動。大多數人發現，與他人一起鍛鍊，較易達到健康增進的目標。此外，選擇幾種不同的鍛鍊或運動形式，或進行所謂的交叉訓練，更替不同的運動項目，亦能使鍛鍊者獲致更佳的效果。

二、增進體適能的具體方法

(一) 肌力訓練

當肌力和肌耐力衰退時，肌肉本身便無法勝任日常活動及緊張的工作負荷，而容易產生肌肉疲勞及疼痛的現象。事實上對現在的上班族來說，唯有保持良好的肌力和肌耐力，才能對促進健康、預防傷害及提高工作效率有很大的幫助。以下是肌力訓練的基本原則：

1. **超載原則**：超載係指對抗接近最大或最大阻力之活動。當肌肉超載時，對肌肉的增進最有效。因為可迫使肌肉做最大收縮，以刺激其生理上的適應，進而使肌力增加。未超載的肌肉，其力量只能維持現有水準，而不會使力量增加。

2. **漸進原則**：當肌肉經過訓練時，力量逐漸增加，一段時間後，力量便不再進步，即已不再構成超載，此時必須增加其對抗的阻力，亦即逐漸增加訓練之負荷量。

3. **調和原則**：小肌肉超載訓練前，要先做大肌肉的超載訓練，且訓練時不連續使用同一肌群的肌肉。

4. **特屬性原則**：任何一種競技運動皆有其一定的動作模式，力量訓練的動作要與特屬的動作模式相同，如此從訓練中增進的力量才能用於該項競技運動中。

必須注意的是，重量重、次數少之訓練可使肌力增強，而重量輕、次數多之訓練則強調肌耐力之增進；肌力與肌耐力的訓練方法為：

1. **等張力量的訓練**：負荷固定，肌肉長度改變，關節活動。就肌力的增進而言，組數應為1至3組以上，其最大反覆次數應為2RM（Repetition Maximum）至12RM之間，而8RM至12RM之間即有效又安全。

2. **等長力量的訓練**：肌肉長度不變，關節不活動。為使肌力有效增進，負荷應為最大力量之三分之二以上，時間維持五至七秒以上。

3. **等速力量的訓練**：速度固定，負荷變化（肌肉可主動發出最大力量），活動範圍各角度都能發揮最大力量。

從事重量訓練時主要是針對強化肌力、肌肥大、肌耐力及爆發力等四個訓練目標（**表10-1**）。建議如下：

1. **肌力**：重負荷及低反覆次數。

2. 肌肥大：中負荷及中反覆次數。

3. 肌耐力：低負荷及高反覆次數。

4. 爆發力：中、重負荷及高速度。

表10-1　訓練目的與訓練方法的關係

重量訓練方法				
負荷	訓練目的	1RM（％）	反覆次數	訓練組數
重	肌力	80-100	1-8	3-5+
中	肌肥大	70-80	8-12	3-6+
輕	肌耐力	40-70	12+	2-3+
中、重	爆發力	高速度		

資料來源：整理修改自中華民國有氧體能運動協會編著（2005）。

肌群訓練

　　一般性肌力訓練的目的是以全身整體性提升身體功能為主，一般常訓練之肌群以大肌肉群為主要訓練目標，通常選擇上背肌群、胸肌、肩部肌群、肱三頭肌、肱二頭肌、腹部肌群、下背肌群，及腿部肌群等八大肌群為訓練部位。（**表10-2**）

肌力訓練的好處

　　肌力訓練的好處如下：

1. **降低心臟的危險性**：增加肌力與肌耐力後，可以減低從事體能活動時心臟系統的負荷，對於高血壓與高血脂肪症可能有改善的功效。

表10-2 肌群位置與肌群間的關係

肌群位置		肌群關係
胸部肌群	上背肌群	互為拮抗
肩部肌群	腿部肌群	上半身、下半身
肱二頭肌	肱三頭肌	互為拮抗肌
腹部肌群	下背肌群	互為拮抗肌

資料來源：整理修改自中華民國有氧體能運動協會
編著（2005）。

2. **預防運動傷害**：某一肌群肌力或肌耐力增強就不易被拉傷，
再加上韌帶、肌腱的強度也變大，因此亦能保護關節。

3. **增進心理健康**：體格強健後，自我概念與身體形象皆有很大
改善，自信心也增強，這對心理健康有很大幫助。

4. **有助於減肥**：肌肉質量增加後，基礎代謝率會跟著增加，因
此有助於減肥。

5. **可用於復健**：開刀或受傷後可利用肌力訓練以儘速幫助恢復
肌力、肌耐力或關節活動範圍。

(二) 心肺耐力訓練

運動計畫目的在於改善或維持心肺功能並能減輕體重。如要獲
得良好的效果，則要儘量依據計畫的建議內容來實施，而在開始前
及完成一個階段的運動後，均應做心肺耐力測驗，以了解自己之心
肺狀況，再決定採用哪一種或哪一等級的運動計畫：

1. 健康者增進心肺耐力的方法：（美國運動醫學會）
   (1) 訓練強度：（220－年齡－安靜心跳率）×（60%～
   90%）+安靜心跳率

(2) 訓練頻率：三至五天／週

(3) 運動持續時間：20至60分以上

(4) 運動方式：以大肌肉群能持續一段時間，具有節奏的運動方式為主。如跑步、快走、游泳、跳有氧舞蹈等。

2. 有健康危險因素者增進心肺耐力的方法：

(1) 健康危險因素：

① 心臟病、心電圖異常、糖尿病。

② 年齡超過四十五歲。

③ 高血壓（145/95mmHg以上）。

④ 家族中曾有人在五十歲前患有心臟病者。

⑤ 肥胖。

⑥ 有抽煙習慣。

⑦ 總膽固醇／高密度脂蛋白＞5。

(2) 增進心肺耐力的方法：

① 漸進負荷原則。

② 有氧運動為原則。

③ 能與別人聊天為原則。

④ 不舒服即停止運動。

⑤ 有恆持續不斷。

3. 心肺耐力訓練的結果：

(1) 最大氧攝取量增加、高密度脂蛋白增加、體脂肪減少、三酸甘油酯減少。

(2) 左心室壁肌肉彈性增強、每跳輸出量增加、安靜心跳率降低。

(3) 冠狀動脈變粗、冠狀側支血管增生。

(4) 安靜與運動時之血壓降低。

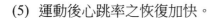

(5) 運動後心跳率之恢復加快。

(三) 柔軟度的訓練

所謂的「柔軟度」（flexibility）是指一個或數個關節的活動範圍大小。可分為：

1. **被動柔軟度**：肌肉放鬆時，經外力所造成的關節活動度。
2. **主動柔軟度**：關節由於肌肉之收縮所造成之活動範圍大小。

一般來說，柔軟度受下列因素所影響：

1. 骨骼的結構。
2. 關節周圍的體積。
3. 關節外圍的韌帶、肌腱、肌肉及皮膚的伸展性。

以下是柔軟度的訓練方法：

1. 熱身運動：升高肌肉溫度以促進血液循環，並增加肌肉及結締組織的伸展性。
2. 緩慢地做，直到肌肉被拉得很緊的感覺產生，然後維持該姿勢十至二十秒以上，且呼吸要有規律。
3. 反覆該動作數次。
4. 最好每天做。

(四) 敏捷性（神經反應能力）的訓練

增進體適能的具體方法除了針對肌力、心肺耐力與柔軟度三要素進行體適能的訓練外，還須針對神經反應能力進行訓練，也就是

所謂的敏捷性的訓練：

1. **意義**：敏捷性意指個體能正確而快速改變身體方向或位置的能力，它是力量、反應時間、動作速度、動力和協調性等競技要素的結合體。敏捷性一般表現於閃躲、穿梭跑、急跑、急停及快速改變身體位置的各種活動中。

2. **方法**：改善並構成敏捷性的任何一個因素都有助於敏捷性之改進。然而，要增進某一特定動作的敏捷性，最好的方法是要反覆、正確且快速地練習該特定的動作。此方法強調一特定動作的專屬協調性練習，並同時增進構成該特定動作的其他敏捷性要素。

▶ 第四節　運動競賽的聯想 —— 做多少運動才夠？

　　每每遇到大型運動競賽的時候，相信一般人都會對於那些運動場上的健將給予興奮的掌聲、羨慕的眼光及打從內心深處的感動與讚佩。除了欣羨那些選手能夠跑得那麼快、跑得那麼遠、跳得那麼高、跳得那麼遠、力量那麼大、速度那麼快、打得那麼好、體力那麼棒……之外，我們心裡面也不由得常會想：「他們好厲害，是怎麼辦到的？要不要每天那樣辛苦地練習？是不是有特殊的訓練方法？一般我們這些不參加運動競賽的人，平常究竟要怎麼樣運動？要運動到什麼程度才夠？每次運動又要持續多久才適當？而又要隔多久實施一次運動？」。

　　一般而言，我們的體能包括肌力、肌耐力、心肺耐力，範圍

廣一點，又可包含柔軟度、敏捷性、協調性、平衡感、體脂肪率等。為了真正達到健康的目的，我們必須努力提升每一種體適能的要素，使其符合應有的水準以上。因此，一個好的促進體適能的計畫，必須是一個能夠提升每一種體能要素的運動計畫。

若一個人的脂肪率很低、寬肩、細腰，這不算是體能好；若一個人必須靠勞力工作，並且已具備了很大的力氣，仍不算是體能好，其肌力即使比坐辦公室工作的人還大，但心肺耐力與柔軟度，不見得比較好；舉重選手與健美選手，力量大、肌肉發達，整體而言，仍不能說他們體能好，其心肺功能與有氧能力，若無特別訓練，仍與一般人無異。因此，運動生理學家與運動指導者認為，一個人必須同時具備良好的肌力、肌耐力、心肺耐力、柔軟度、協調性、敏捷性、平衡能力，與合適的體脂肪率等，才算是有真正好的體能。

隨著有氧運動的流行及其對預防心血管疾病之可能效果漸為人知，慢跑已成為訓練心、肺與循環系統非常簡單、有效的方法，而廣受肯定、推崇與歡迎。這是非常可喜之事。不過，我們得注意，慢跑雖然是一種增強心肺功能非常有效的運動，然而單單一種運動型態並不足以全面性地提升體能，因為它並未有效訓練到肌肉力量或柔軟度等體能。所以，慢跑者必須多做一些伸展操以增進關節的活動度；多做重量訓練以加強身體各部位肌群的力量，如手臂、胸部、背部、腹部或大腿等。

一些人對某特定的運動型態情有獨鍾，而過分感情化的結果，造成他們認為該運動項目可以對體適能做完整的詮釋，並且是促進身體適能最好的運動。然而這樣的偏好卻造成他們心中的偏見，更釀成他們對運動產生非常不健康的觀念，而直接在他們身上產生極不良的後果。這是因為他們忽略了其他體適能的均衡發展，而導致

那些體能可能不進反退或構成其他負面影響。例如，男桌球選手打球雖動作敏捷快速，但握力測驗可能不到45公斤、伏地挺身做不超過十五次，主要原因是缺乏肌力訓練；健美先生、小姐的肌肉特別發達、力量遠比一般人大，但是在一般運動競賽中卻不易看到他們，因為他們缺乏速度；男游泳國手在水中是一條龍，田徑場上100公尺跑步往往要跑上近十四秒以上、三級跳遠跳不到沙坑，因為腿部沒有爆發力；如果有人特別喜愛鍛鍊伏地挺身，使得肱三頭肌與胸大肌特別發達，則肘與肩關節就容易出問題；若也有人只願意做仰臥起坐，則下背部脊椎也易受傷，因為他們忽略了肱二頭與背肌等拮抗肌訓練的重要性；做瑜伽運動，對於全身放鬆、柔軟度、優雅性、持久能力或協調性等，有非常大的助益，但是對於提升心肺功能的功效，則微乎其微，然而狂熱瑜伽術之人士往往無法接受「一種運動型態，無法達到各種身體適能標準」的事實。

　　輕、中強度的運動量在一天中分數次完成累積，對於提升體適能一樣會有明顯的效果；每天久坐工作的人，因為很少運動，可以以多次累積運動量的方式，來取代一次直接做完所有運動量的方式，進行身體活動，一樣能夠有效改善體能。相信這種方式比較沒有強迫性，也能為多數人所接受。這個看法並非取代以往所認為的「運動持續時間必須達到二、三十分鐘以上才會有明顯效果」的觀念，反而這個新的建議對於運動俱樂部或個人，在設計與執行運動計畫時，更具彈性，而且更確定了「做一些身體活動總比都沒有來得好；低至中強度的運動比久坐不運動還好」。雖然如此，現有的證據，仍未足以用來確定「最少、最理想或會造成危險」的運動強度與運動量。這也是學者專家仍在繼續研究探討的問題。不過，大致上可以說，較大的活動量或強度較大、較激烈的運動，對於降低臨床上的疾病，功效較大。也已有非常多的資料告訴我們，絕大多

數工業化的社會中，人們身體的活動量必須要增加。

　　而何謂輕度運動？中度運動？以及何謂激烈運動？運動生理學專家通常以MET（resting metabolic rate）作為在對「輕、中、重」的運動量作量化時的基本單位。一個MET等於1公斤體重一分鐘消耗3.5毫升的氧，或是1公斤體重一小時消耗1大卡的熱量。此亦即安靜時之代謝能量或氧消耗量。在運動中，常用MET的數量來表示所消耗之能量為安靜代謝能量或耗氧量的倍數。通常活動量若消耗三個METS以下，稱為輕度運動，如閒逛、散步、慢慢騎室內腳踏車、做伸展操等。若活動消耗能量為休息時的4至6倍（4METS至6METS），則稱中度運動，如快步走、輕慢跑、打壁球、輕鬆打羽球等。這些輕、中度的運動必須要做完約三十分鐘以上，始見顯著功效。另外，運動量若達七個METS以上，則稱為激烈運動，如快跑、快爬山坡、跳有氧舞蹈、籃球比賽等。輕、中度的運動是一種有氧性的運動，身體必須利用足夠的氧，以便能夠使運動持續一段時間。

　　美國運動醫學會（ACSM）建議，一個人每週至少運動三天，每天藉此運動而消耗300大卡，或是每週至少運動四天，每天藉此運動而消耗200大卡（體重特重或特輕的人應斟酌增減）。同時也建議，一天內多次累積運動量的方式亦有顯著的功效，例如，一天內某時間可做十五分鐘的快速走路，另外在其他時間做十五分鐘的有氧舞蹈。或是分三次做運動，每次達十分鐘以上。當然，如果可以的話，連續運動三十分鐘的方式是比較值得鼓勵的。

　　通常，身體運動的結果，經由多重的生物學上的運作過程，以改善身體機能並促進健康。其中不少機轉直接對疾病產生影響。例如，某些程度的運動量可能很順利地對分解纖維蛋白的系統造成正面作用，而使身體降低冠狀動脈疾病的危險性；較多或較激烈的運

動則強化心肌功能，直接促進身體適能而減少心臟病死亡的機會。目前，坐式生活型態產生公共健康問題的人數約占成年人口的20%至30%。這些人口將使得死亡人數增加2倍以上（Blair, 1996）。 如果這些人能夠至少偶爾運動一下，甚至從事中度的體能活動，則上述危險因素將明顯且一定降低。然而，事實上所有因運動而帶來的生理功效，都是短暫性的。如果沒有持續運動，一段時間過後，身體適能一樣會逐漸退化。所以，經常且持續地運動是非常重要的。

　　1992年美國心臟協會發布一項聲明：「久坐生活型態是心血管疾病的一項重大危險因素，而中度運動對於減低這種心血管疾病發生率有非常大的助益。」當然，我們也知道，中度運動對於糖尿病、肥胖、高血壓、骨質疏鬆及癌症的預防與治療，具有正面的功效，對於改善生活品質助益極大。有些長期久坐工作又不喜歡運動的人，以為一個人必須要做很激烈的運動才會有效果，因此常常乾脆放棄不運動；也有人經常只是脖子動一動、雙手甩一甩、腳踢一踢、走一走，就以為已經有運動了；另外，有一些人老是想著運動是要跑得很快、氣喘如牛、滿身大汗，非常累人，這種現象好像距離自己很遙遠，與自己沒有什麼關聯。其實，運動並不難。只要一天內從事一些輕至中度的運動，使累積的運動時間達三十分鐘以上，並且一週做三或四次之多，一段時間後，習慣了，就覺得自然，身體適能也無形中提升了。

　　此外，如果是平時已常運動或需要有更好體能的人，必須繼續提高運動強度與加長運動持續時間。若情況允許的話，除從事有氧性的活動外，最好每週做一些負重運動或是重量訓練，以加強肌力與肌耐力，以及經常做伸展操，以增加或維持關節活動度；需要減肥或想要明顯減低體脂肪率的人，必須多做有氧性的運動並且延長運動時間，以消耗更多熱量。全面照顧到各種體適能的均衡發展，

才是最正確的做法，也才能真正促進健康，提升生活品質。

　　經常有人會發問，若每次運動都累得氣喘吁吁，全身痠痛，是否不適合做運動？有些肥胖者的體能的確很差，而且怕熱，稍一運動就汗流浹背，因此視運動為畏途。但是上面說過，運動減肥最忌劇烈，只要做輕度到中度的運動，持之有恆，必能見效。如偶爾做一次劇烈運動就想減肥，不但累壞了自己，也收不到效果。

　　對於體能不佳的肥胖者，除了走路外，也可從事一些傳統的運動，如太極拳、外丹功、香功等。這些運動都有一個循序漸進的訓練過程，通常不會太累。

　　如果體能實在太差，也可以從柔軟操開始，做一些拉筋的動作，都可以達到運動的效果。等到體能逐漸改善，再慢慢增加運動量。如果體能不好的原因是合併有其他的疾病，如冠狀動脈疾病、心臟衰竭、腎臟病、糖尿病、關節炎等，最好與醫師討論後再參與運動；且最好接受一次「運動測驗」，評估心肺功能後，再依照「運動處方」來運動，比較安全。

▶ 結語

　　規律的運動對身體幫助不小。可以使年長者體內對葡萄糖的耐受性正常化；減緩骨質流失且避免疏鬆症發生；對血球及淋巴球數以及其功能也有好的影響，使身體免疫功能增強。此外，還有一些正面的效果，例如增加最大耗氧量、心搏出量及心輸出量；相同強度運動時的心跳數較低、降低血壓；改善心肌的工作效率；促進心臟血管組織的增生；降低心臟疾病的罹患率及死亡率；增加骨骼肌的微血管密度；促進骨骼肌中有氧性酶的活性；相同強度的運動

時，乳酸的生成較少；運動時，運用游離脂肪酸作為能源的能力提升，使肝醣的使用較節省；耐力運動能力進步；基礎代謝率增加；增加高密度脂蛋白與低密度脂蛋白的比值；增強肌腱、韌帶、關節構造及機能；增強肌肉力量；相同強度運動時之主觀感覺較輕鬆；運動時腦胺芬（endorphins）之分泌量增加；促進神經纖維的增生；對熱環境更適應（排汗率增加）；血中凝固物之聚合減緩。

　　個體如能建立運動提升體能的基礎概念、瞭解運動改善體能的方法，以及開始儲備與醞釀個人健身運動獨特的中心哲學思想，則無非已經踏入妥善的身體運動管理與健康促進之門。

　　人類由幼年步入中年，再進入老年，離不開生、老、病、死。而為了讓我們在一生中病得更少、活得更好、死得更晚，捨此足以維持並改善身體機能的「運動」，實找不出更好的方法。何況有偌多之好處，人們實無不運動的道理。如果要身體更健康、精神更愉快、工作效率更高、生活品質更提升，「規律的身體運動」是最佳途徑。

問題討論

一、請嘗試說明為何要運動？
二、請根據自己的心肺耐力狀況，為自己擬訂一有效可行之提升心肺適能的訓練計畫。

參考文獻

一、中文部分

中華民國有氧體能運動協會編著（2005）。《健康體適能指導手冊》。臺北：易利，頁153。

方進隆（1991）。《運動與健康》。臺北：漢文。

陳敦禮（2009）。〈規律與持續的運動──向年齡挑戰〉，《臺中縣關懷婦幼協會月刊》，第106期。

陳敦禮（2002）。〈為什麼要運動？〉，《弘光校訊》，第166期。

陳敦禮（1995）。〈如何去愛自己──積極從事健康管理〉。《弘光校訊》，第168期。

陳敦禮（1993a）。〈談增進體適能的重要及其運動計畫之擬定〉，《國民體育季刊》，第97期，頁62-66。

陳敦禮（1993b）。〈心肺耐力訓練之意義與方法〉，《弘光校訊》，第149期。

二、外文部分

Baechle, Thomas R. & Groves, B. R. (1998). *Weight Training: Steps to Success* (2nd ed.). Champaign, IL: Human Kinetics.

Baechle, Thomas R. & Earle, Roger W. (2000). *Essentials of Strength Training and Conditioning* (2nd ed.). IL: Human Kinetics.

Blair, S. N. (1996). *Physical Fitness and An-Cause Mortality: A Prospective Study of Health Men and Women*. J. American Medical Association, 262, 2395-2401.

Herrick, A. R. & Stone, M. H. (1996). The effects of periodization versus progressive resistance exercise on upper and lower body strength in women. *J. Strength Cond. Res.* 10(2): 72-76.

Hoeger, Werner W. K. & Hoeger, Sharon A. (2002). *Fitness and Wellness* (5th ed.). Thomson Learning, Inc.

Hoeger, Werner W. K. & Hoeger, Sharon A. (2003). *Principles and Labs for Fitness and Wellness* (7th ed.). Thomson Learning, Inc.

Kramer, J. B., Stone, M. H., O'Bryant, H. S., Conley, M. S., (1997). Effects of single v.s. multiple sets of weight training: Impact of volume, intensity, and variation. *J. Strength Cond. Res*. 11(3): 143-147.

Laliberte, Richard & George, Stephen C. (1997). *The Men's Health Guide to Peak Conditioning*. Rodale Press, Inc., Emmaus, Pennsylvania.

Chapter 11
高齡人口健康促進

陶文祺

單元摘要

隨著年齡增長，老年人將面對多方的挑戰。引發老化的原因與成功
對抗老化的方式眾說紛紜，確切的答案仍有待現代科學釐清。為了
達到促進高齡者身心健康的目的，首先必須對老化引發個人生理、
心理變化的現象有清楚的認知，藉由正確的保健方式，提供老人所
需的照護，繼而減輕老化為老人帶來的負面衝擊效應。

學習目標

■ 對老化有初步的認識
■ 認識老化對老人生理、心理及社會層面造成的影響
■ 認識建議採取的保健方式有哪些

▶ 前言

　　臺灣自1993年邁入WHO所定義之高齡化社會後，老年人口占總人口數的比例便不斷攀升。據內政部主計處資料顯示，至2008年為止，六十五歲（含）以上高齡人口已占總人口數的10.43％；意即約每十位人口中就有一名為老人，同時期的社會老化指數更已高達61.51％。人口快速老化所引發的現象包括勞動人口減少、人口結構改變、老人相關福利政策及照護需求增加等，為將衝擊減至最低，世界各國無不推出相關政策積極因應。

　　「高齡化」在成為焦點的同時，各界大都以其帶來的負面影響提出相關因應策略，但許多高齡者人生閱歷豐富，且退出職場後多數仍保有相當不錯的體能，若能徹底瞭解此人口群的需求並詳加規劃相關政策，必定能創造老人及社會雙贏的契機。本章內容以老人的生理、心理及社會老化為綱要，加入作者參考文獻後整理出促進高齡者身心健康的活動及措施，希望有助讀者瞭解如何在「高齡化」社會中能夠「活得久又活得好」。

▶ 第一節　老化的生理變化

一、老化是什麼

　　每個人從誕生到死亡必定會經歷一連串充滿變化的過程，

人類自出生開始即往老化的方向前進，身體會隨著時間增長產生功能性的變化；而這種變化是一自然且不可逆的現象。維基百科（Wikipedia）對老化（aging）的解釋為生命隨時間惡化的現象，衰老則是生物老化的過程。

　　人為什麼會變老？老化如何發生？隨著科技的進步，人們將來是否能夠成功對抗衰老？為尋求以上問題的答案，首先須對老化理論有基本的認識。引發老化的原因大致可歸納為兩大類別，即遺傳因素（genetic factors）與環境因素（environmental factors）。

1. **遺傳因素**：為個人受先天遺傳基因影響所產生的結果。相關理論包括：染色體終端理論、長壽基因理論、生物時鐘等。
2. **環境因素**：為個體與社會、環境等交互作用後的狀態。相關理論包括：穿戴磨損理論、免疫抑制理論、殘渣堆積理論、生活型態影響、自由基老化理論等。

　　上述理論對於保健與預防老化等後續相關研究提供了穩固的基礎與明確的方向。除了無法改變的先天遺傳因素外，營養攝取、疾病預防、適度的身體活動及不同生活型態的適應等，都將成為影響個人身心健康甚或能否延緩老化的關鍵。

二、老化的生理變化

　　個體邁入中老年後，身體機能便開始明顯退化。一般而言，老化的過程是漸進的，如視力與聽力的衰退。外表的老化如白髮、皺紋等，可輕易被發現，但體內器官機能的變化有時並沒有明顯症狀。生理老化的時間無法精準預期，個體間的老化現象也存有很大

的差異，我們若對於老化的生理變化有多一點的認識，也許能更順利地適應過程中所引發的衝擊。

(一) 循環系統

根據國健局2007年臺灣中老年身心社會生活狀況長期追蹤報告，六十五歲（含）以上老人罹患高血壓、心臟病的盛行率分別為46.7％及23.9％。老化會造成心臟肌肉硬化、心肌纖維彈性降低，導致心輸出量與心跳率減少；劇烈運動時，即會對心臟造成負擔。動脈管壁也會隨年齡增長出現彈性減弱與硬化現象，狹窄的管壁會影響血液循環的通暢；嚴重時，可能導致引發中風或心肌梗塞的危險。

(二) 呼吸系統

肺部組織因老化而失去彈性、血液灌流不足、肺泡血管通透性降低、肋骨鈣化使肋間肌力減弱等因素，導致肺容積及吸入空氣量減少，呼氣時又無法將廢氣完全排出，造成肺部殘餘容量增加，進而影響呼吸效率。同時，呼吸道內纖毛細胞數量及活動下降，影響分泌物清除作用，致使肺部感染的風險增加。

(三) 神經系統

人體腦內酵素及神經傳導化學物質功能伴隨年齡增長出現的紊亂狀況，會對大腦部分生理機能產生相當程度的影響，神經傳導速度亦會隨老化而減慢，高齡者出現的反應遲緩即為明顯老化症狀；其他影響還有生理反射變慢、肢體執行運動所需反應時間增加、短期記憶減退等。

(四) 消化系統

味蕾退化導致食慾減低，缺牙與唾液分泌減少，影響食物咀嚼能力、食道肌肉張力減弱使吞嚥協調性下降。胃張力降低，食物排空時間延長、胃酸分泌量及酸度改變，阻礙礦物質吸收與小腸消化吸收功能。小腸壁絨毛萎縮，吸收養分能力減弱、大腸蠕動變慢，糞便停留時間延長，易引發便秘。

(五) 泌尿系統

腎絲球過濾率降低，過濾血液及製造尿液的功能下降、膀胱肌肉張力減弱，影響尿液排空能力，導致頻尿。女性更年期後，雌性激素分泌減少，造成尿道平滑肌萎縮、尿道口括約肌鬆弛，易發生漏尿情形；男性則常出現攝護腺肥大現象，尿道受壓迫致使排尿時間增長，甚至無法順利排出尿液。

(六) 內分泌系統

老化會直接影響體內腺體所分泌激素的濃度及活性。性激素濃度下降時，男女性器官功能逐漸衰退、性能力減低。胰島素分泌減少，則易引發血糖失衡現象。

(七) 免疫系統

老化使身體對抗外來病原體的能力下降，同時，免疫系統對自體細胞的辨識能力也受影響，因而導致自體免疫疾病的發生率較年輕時高。

(八) 骨骼與皮膚

隨年齡增長，消化道對鈣的吸收能力減少，造成鈣質流失、骨

密度下降，骨骼變薄也變得脆弱；身高變矮、容易發生骨折。老人常見的掉牙及背痛問題也與鈣質流失有密切相關。

老化使皮膚中膠原蛋白的新生能力降低，皮膚變得乾燥、失去彈性。皮下脂肪減少使得皮膚變薄、出現皺紋。皮膚底層的汗腺及微血管減少，血液流通量下降，影響皮膚的散熱功能。老年人皮膚較敏感、脆弱，應避免過度日曬，受傷時，傷口癒合較慢。

(九) 感官

1. 視力：由於水晶體逐漸硬化，影響視距調節能力，看近距離的物品時感到模糊，需配戴老花眼鏡調整視距。隨年齡增長，水晶體內的化學成分改變，變得混濁、透明度下降，老人的視力因此受影響，甚至喪失部分視力。水晶體老化也會影響老人對色彩、色差的判別、對光線明暗的適應較緩慢。老化導致淚腺萎縮，淚液分泌減少，眼球缺乏淚液潤滑，老人常出現眼睛乾澀的現象。

2. 聽力：聽力神經與半規管老化造成聽力減退、平衡感變差。老年人的聽力老化隨著年齡增長呈正相關，聽力的減退致使其人際溝通造成困難，影響日常社交生活，使用適當的輔具如助聽器，可使負面影響減至最低。對高頻率聲音的感受性下降，即為老年性聽力受損的徵兆。

▶ 第二節　老年生理保健

高齡人口生理層面的健康促進，除了學習與老化的身體機能共存外，還需免除罹患疾病的威脅，透過正確的營養攝取、運動及預

防保健措施，能夠強化高齡者的生理機能、建立健康的生活型態，進而減少疾病的發生與惡化。

一、營養

(一) 醣類

醣類是供應人體熱量的主要來源，充足的醣類攝取可降低體內蛋白質的消耗及分解、預防酮酸中毒及協助鈣質吸收等。醣類含量豐富的食物包括：米飯、麵食、穀類、麥片、馬鈴薯、地瓜、豆類、水果等。醣類建議攝取量應占每日總熱量的58%至68%，來源應以天然、無加工者為首選。

(二) 脂肪

脂肪具有提供熱量、協助脂溶性維生素吸收、隔絕與保護體內臟器的功能。脂肪可分為動物性（飽和脂肪）與植物性（不飽和脂肪）兩類，肉類食品中有較多的動物性脂肪。血中脂肪含量過高容易引發動脈硬化及心血管疾病的發生，為降低罹患高血壓、心臟病等風險，高齡者飲食中的脂肪來源應多以植物性脂肪為主，烹煮時以蒸、烤的方式取代油炸，進食時應去除肉類外皮、撈除多餘浮油等，以降低脂肪的攝取量。

(三) 蛋白質

研究顯示，八十歲（含）以上的老老人有超過半數的比例出現肌肉量減少的現象，老年人肌肉減少會引響其日常行為活動能力，及增加跌倒的危險。肌肉量及強度可作為預測老人活動力、基礎代謝率的指標。除運動外，老人（含六十歲者及以上）或老老人應攝

取充足的熱量與蛋白質,對於維持肌力、預防肌肉流失有正向的幫助。為考慮老人因器官功能退化增加代謝負擔與營養素失衡,建議應均衡攝取動物性與植物性蛋白質,攝取量為每天0.8至1.0公克／公斤。

(四) 維生素與礦物質

維生素主要功能為協助體內代謝作用,由於人體無法自行合成所需足夠的量,因此須仰賴由食物中獲得。維生素可分為脂溶性與水溶性,前者攝取過量可經由尿液排出體外,脂溶性維生素若攝取過多,則會蓄積於體內產生中毒現象。維生素B與心血管疾病、腦部功能有關,糙米、小麥胚芽、魚、肉、蛋、奶、豆類及堅果中都有豐富的B群含量。

鈣質與維生素D的充足與否與老人的骨骼及牙齒健康有直接的關係。為預防骨質疏鬆與掉牙,應鼓勵老人攝取適量鈣質,常見來源有:豆類、奶類、小魚乾等。除鈣質外,臺灣老人常見鎂含量攝取不足,含鎂的食物來源有深色蔬菜及五穀根莖類。

(五) 水分與纖維質

水分有助調節體溫、代謝廢棄物質,對健康非常重要,但許多老人因頻尿或怕麻煩而不喝水,易影響生理機能或引發尿道感染,建議應定時補充水分。

適量的纖維質可改善因老化造成消化道活動減緩的現象,對增進腸道蠕動、幫助排便、預防便秘甚或大腸癌的發生有相當的助益。建議攝取來源包括五穀類、蔬菜、水果等。

二、運動

　　近年來，隨著國人生活型態轉變、健康意識高漲，各界對於運動的認知，不再單單視為休閒時所從事的活動，而是將其定位於健康促進項目中不可或缺的一環。多數研究顯示，持續規律的運動可延緩老化、降低慢性病發生的機會，對於改善肌力和關節柔軟度也有很大的幫助。

　　由於老化的影響，多數老人的身體機能不復以往，其中肌肉量減少、肌力減退、平衡感變差等改變，更直接影響老人執行日常生活活動的能力。為使高齡者能重拾年輕活力、遠離疾病威脅，鼓勵老人養成規律運動習慣，應視為推廣健康促進相關策略時的首要項目。

　　散步、瑜伽、太極拳、養生操、慢跑、騎腳踏車、游泳、打球等活動為目前多數老人普遍參與的運動項目。高齡者選擇身體活動時，建議由心肺功能負荷較輕的項目開始，個人的體能、關節活動度、柔軟度等限制，也需一併納入考量。有特殊疾病者，如心血管疾病、糖尿病、氣喘等，運動時需注意運動的強度、自身安全的維護、水分補充等。如有不適，千萬別逞強，須適度的休息，不適加劇時，應立即尋求專業的醫療協助。

三、預防保健

　　根據國民健康局2007年公布的「臺灣中老年身心社會生活狀況長期追蹤調查」資料顯示，88.7%的老年受訪者自述至少罹患一項經醫師診斷的慢性疾病。慢性病及其合併症除為引發老人失能與死

亡的主因外，對於日常生活品質的影響更不容小覷。

　　隨著科技與醫療的發展日新月異，國人平均餘命持續增加，雖然壽命延長與慢性病盛行率兩者的關係仍待深入探究，但慢性病及其併發症卻是老人醫療利用率及長期照護需求日益增加的主因。為因應龐大的醫療財務與照護需求，政府相關部門於1995年訂定「全民健康保險預防保健實施辦法」，並於民國87年時納入「老人健康檢查及保健服務項目」，其中載明，凡年滿六十五歲以上者，每年免費給付一次身體檢查、健康諮詢、血液與尿液檢查。健檢除了可加強推廣預防保健的觀念之外，同時也能夠達到早期發現疾病、早期治療，降低疾病發生率的目的。

　　除了健康檢查之外，老人初級預防保健服務相關項目，還包括預防注射、營養指導、個人及環境衛生、意外事件防治等。

▶ 第三節　老人心理

一、老人心理發展

　　Erikson（1963）在心理社會發展理論中，將個體自我意識與人格發展分為八個階段，老年期時衰老速度加快，對此老人必須做出相對的調整，故此一階段的主要任務為發展自我整合V.S.絕望。在此階段，個人面臨的挑戰為省思、評價、接納過去的生命歷史，當老人回顧過往的時光，可能懷著充實滿足的情感，也可能懷著落寞與絕望。自我整合是一種承認現實、接受自我的感受，也是成年晚期的最高成就。若個人的自我整合感大於絕望，便達到生命意義的統整，進而發展行為「智慧」——以超然的態度對待生命和死亡。

反之，若對一生充滿不滿與惋惜，老人面對即將結束的生理生命，將感到無奈與失望。

Peck（1968）進一步擴充Erikson的發展理論，提出老年期的心理社會任務必須面對三個發展中的危機（吳永銘，2000；胡美蓉，2010），其中包括：

1. **自我分化與工作角色偏見**：老年人因退休或社會角色喪失，易使個人出現自我價值感低落、生命缺乏意義等負面感受，應鼓勵其重新定位除工作角色外的自我價值，並將焦點置於有助於提升個人價值與肯定自我的活動。若老人因社會角色轉變而感到不安、沮喪，覺得生活失去意義，此即為工作角色偏見。

2. **超越老化與老化偏見**：老人因生理功能衰退或疾病感到疼痛、不適時，會降低其生活滿意度，若將注意力集中於身體的衰敗時，容易出現沮喪與失落感。老人若能夠將生活重心轉移至其他活動，或坦然接受身體機能衰退的事實，藉由個人對現階段體能狀況的滿足，來超越身體現實的需求、突破身體的限制，便能夠進一步享受生命的無限性。

3. **自我超越與自我偏見**：自我超越是指坦然接受死亡，將之視為生命的必然現象，對人生最終的旅程沒有憂懼，成功地適應對死亡的預期與準備。自我偏見則是表示老人畏懼、焦慮，並拒絕承認即將面臨死亡而出現的心理衝突現象。

二、老人常見的心理問題

老化的衝擊加上疾病的威脅往往是高齡者壓力的主要來源，個

人面對壓力、處理壓力的方法各異。壓力與負面情緒如果長期無法釋放、調適，將對生理及心理造成極大的影響。以下列舉老人常見的心理問題（彭駕騂，1999；曾文星，2004）說明如下：

(一) 疏離感

老人隨著年齡增長，因與他人及外界的接觸漸漸減少，對外在的關注與興趣下降，在心理與性格上會逐漸出現自我中心的現象。就心理學的動態觀點來看，與自身較無相關的事件逐漸脫離，是因其精神能力有限，將精力投注於切身相關的事務，為精神能量的重新分配，但這種自我中心並不等同於自私。因為以自我中心的老人，在必要時，也會展現同理心與同情心，設身處地為他人著想。

高齡父母與子女間角色互換的轉變，常使彼此間的關係出現障礙。老年父母可能因為退休、適應能力較差等因素，需要依賴子女的協助，但同時卻又要展現出父母的權威，無法以成人間的關係與晚輩相處，因而與子女變得疏遠，甚至在需要幫助時拒絕接受任何協助。

經濟發展帶動職業型態及家庭結構的改變，傳統農業社會三代同堂的景象，逐漸變成往都市集中的小家庭。青壯人口及新生的下一代與年邁父母各據一方，老人非但無法享有兒孫承歡膝下的幸福，往往連與晚輩見面相處的時間也變得十分有限；過度發展的疏離感，往往加重老人受孤立與不被重視的負面情緒。

(二) 寂寞與孤獨

老年人由於身心功能與環境改變，加上社交圈範圍縮小，甚或經歷喪偶、摯友過世等因素，原本與親友、家人間的關係，會逐漸變得疏離。如果加上因病痛無法自行行動、外出，或家人無法經常

探望、照顧，老人心中的寂寞感受缺乏適當管道排除，遇事無人協助支持，老人自覺被拋棄、寂寞與孤獨的感覺將更形強烈。

(三) 焦慮

　　心理學辭典對焦慮的解釋為，一種由緊張、不安、焦急、憂慮、擔心、恐懼等感受交錯而成的複雜型態。老人的焦慮常與憂鬱同時發生，相關研究指出，相較於中年期，老年期較易出現急躁的焦慮或煩惱。老化會加速老人失去對周圍環境、生活事件的控制能力，如適應環境出現困難、與家人發生衝突、受到環境中過多的刺激、日常活動無法自理等事件，都會對老年人造成巨大的衝擊，情緒若無法適時獲得平復，則易引發焦慮與不安全感。

(四) 慮病症

　　慮病症患者常過分關心自己的身體症狀，或出現將身體不適情況便予以誇大的現象。除了常抱怨頭痛、食慾不佳、腸胃不適、腰酸背痛、失眠等問題困擾外，還會懷疑自己是否罹患重症，因此常穿梭於各醫院間，服用多種藥物、做遍各項檢驗。許多研究指出，因老人缺乏對疾病的正確認知，加上對本身逐漸老化的體能感到焦慮，而導致慮病症的發生。由精神醫學的層面來看，慮病症的發生可能是老人對於挫折採取較幼稚的因應方式，也是一種逃避問題的退化行為，甚或是希望獲得周圍親友注意的舉動。

(五) 憂鬱症

　　老年人由職場退休後，經濟自主能力降低、兒女離開家庭、親友相繼離世，老化後身體機能衰退或罹患疾病、日常活動需依賴他人協助等現象，造成自信心受損、生活缺乏積極的目標等，大幅增

加老年人罹患憂鬱症的可能性。同時，老人因疾病需同時服用多種藥物，藥物間的交互作用及對身體的影響也可能引發憂鬱。

　　一般而言，憂鬱是老人常見的心理症狀，且常伴隨其他身體症狀一併出現，不易被察覺。而憂鬱程度的輕重，需進一步尋求臨床的專業判斷。學者研究發現，臺灣老人憂鬱症的盛行率約12.9％到21.7％，其中重度憂鬱症者達6.2％、輕度者為6.8％到15.5％，較之十年前增加10倍以上（林界南，2005）。

　　憂鬱表現在生理上的症狀常出現的有：食慾下降、嗜睡或失眠、腸胃功能失調引發便秘或腹瀉、噁心嘔吐、體重減輕、注意力不集中等。憂鬱反應在生活中時，低落悲傷的情緒會影響人際關係、工作效率、喪失對生活的熱情、對凡事都提不起興趣，嚴重時甚至會出現自殺的意念或企圖。

三、老人心理健康促進

　　心理健康為個人對內在情緒感受的主觀狀態，是相對而非絕對的。一位心理健康的老人能夠適度地反應情緒，平衡生、心理需求，適應社會、個人生活環境的變化，以正面的態度看待老化的發生等。為促進老人心理健康，必須由個人、家庭及社會三個層面著手。個人層面方面，老人必須瞭解老化是一自然的過程，勿因身體機能退化就變得消極，相反的，應以正向的心態面對。透過培養個人興趣、維持正常社交、適度的身體活動、適當表明自己的需求、由宗教信仰或有意義的活動尋求心靈的平靜與喜樂等方式，替平淡的生活增添樂趣。

　　一般而言，親友為老人最主要的支持系統。因此，就家庭層面來說，滿足老人生、心理需求，使其獲得最大的安適感，為促進老

人心理健康的首要條件。常探望、陪伴，瞭解老人的需求、提供協助，包容其因老化所出現的退化行為，尊重彼此文化、價值觀的差異等方法，都是提供老人心理支持的最佳後盾。

▶ 第四節　高齡者社會角色理論與老化社會學理論

一、老人社會角色轉變

人類在生命歷程中的各個階段分別扮演不同的社會角色，角色是個人為反映社會期待與要求所產生的行為模式。各個角色各有不同的階段任務，角色的運作是藉由個人與環境互動形成、是動態的，且因情境而異（陸洛、陳欣宏，2002）。

社會角色有系統的與個人的年齡或生命階段連結，其中，年齡常被用來決定個人社會地位資格的條件、評估不同角色的適當性與預期效果（李宗派，2004）。在年齡增長、體能逐漸退化的過程中，老人因退休失去生產者的角色、因年邁失去家中主要照顧者的角色。在被迫拋棄舊有角色的同時，新角色卻仍在摸索揣摩的階段，因此常容易陷入「無角色的角色」（role-loss role）的困境中（李臨鳳，1988）。其他社會角色相關理論，包含有「角色失落」、「角色中斷」、「角色退出」、「角色重新投入」、「角色易位」與「角色繼續」等（朱岑樓，1988）。

在上述理論的中，「角色逆轉」（reversal）理論提出了老人在家庭角色這一階段中，產生了重大「質」的變化。老人面臨老化過程無法解決的問題，進而向子女或較年輕的家族成員求助時，老

人便由「照顧提供者」轉而成為「需求者」的角色，這種轉變易使老人產生嚴重的自我認同危機。面對老年期生命角色「質」與「量」的重大改變，家人與親友應視老人生、心理需求，提供適時的協助，共同陪伴老人迎接生命中的高齡新生活（陸洛、陳欣宏，2002）。

二、老化社會學理論

常見的老化社會學理論，包括活動理論、現代化理論、撤退理論、次文化理論、社會交換理論等，內容詳述如後。

(一) 現代化理論

現代化理論主張老人的角色、身分與科技進步形成逆轉的關係。科技發展愈進步，老人的智慧與累積的生活經驗在實際生活中能發揮的效益愈受影響，相對導致老人能力及權力的喪失。某些研究也發現，現代化為影響老人社會身分地位的關鍵因素之一。農業社會時，老人備受尊敬，因其握有分配土地的權力，但隨著工業化的到來，老人因無法參與高度競爭的經濟生產工作而受到漠視。隨著平均餘命的增加，人類在生產年齡過後，距離死亡尚有數十年的時間，老年人數的增加使其在人口結構中占有相當的比例，因此權力獲得提升，但其在工作上的貢獻卻有限，社會價值受到貶低。從生物學「適者生存」的觀點來看，過了生產年齡的生物體，因缺乏生產力而不再有所貢獻，理所當然應被淘汰；但就傳承的觀點來看，老人為了養育下一代，經歷了勞動生產的辛勞，沒有前人的付出，後人如何享受成果？倘若僅以生產力的多寡視為生存與否的權利，豈不有失人道？因此，「老年的意義」成了生物學上無法

解釋的問題，也埋下了建構後續老人老化理論的因子（李宗派，2004）。

(二) 活動理論

　　高齡者退休後往往被迫離開社會、疏遠與社會的連結；面對漫長、無目的的空閒時間，往往造成高齡者心靈空虛、孤寂，加速身心衰老。Cavan等人（1949）提出活動理論，該理論認為，高齡者與各年齡層人口一樣，具有正常的社會性需求，多數老人在老年期會繼續其在中年期建立的社會角色與職務。活動理論標榜「行為決定年齡」（act your age），高齡者雖然在生理與經濟角色有所轉變，但其心理與社會性需求與青壯年期並無不同，高齡者應藉由某些替代活動增加社會參與的頻率，並應保持青壯年時期的生活態度及活動力，以延緩老化的過程。該理論主張只要高齡者瞭解並接受自己已從主流社會退休與進入老年階段的事實，重新定位自我價值後，即可藉由老年期的社會整合來彌補退休後所帶來的負面衝擊（傅家雄，2001）。相關研究顯示，老人若持續健身活動、社交活動或從事生產性活動，除對其身、心理健康有正面的影響外，高齡生活也能擁有較高的生活滿意度。

(三) 持續理論

　　Atchley與Neugarten（1988）以發展心理學為基礎，認為人類生命周期的每個階段均有高度的連續性，個人的價值觀、態度、規範與習慣等，並不因老化而改變；年輕時的人格特質仍會持續至老年階段。個人在年邁時，為了取代失去的社會角色，老人會尋找相似的角色以因應環境的變化，因此會趨向於維持某種一致的行為模式。如一位熱衷於社交活動的老人，並不會在退休後便終止與外界

接觸的行為，一向害羞、內向的老人，也不會因退休而變得大方、熱情。基於此論述，持續理論認為每個人都應依其個人特質善加規劃退休後的生活，同時延續年輕時的習慣或興趣，或將原有的精力與時間轉移至其他事務上；若個人能夠適度的維持社會參與，即可降低孤寂感與失落感，進而享受充實的晚年生活。

(四) 撤退理論

Cumming與Henry（1961）認為，老年未必是個人中年期的延伸，而須由現存社會角色、人際關係及價值體系中撤離。撤退理論視老化為一個時間點，時間到了，老人本身與社會便出現互相疏離的現象。這種疏離被視為一種正常的社會功能，對社會與個人的發展是正面且有益處的。此理論主張，人到了某一特定年齡，即應從其原來的社會角色退出，退休制度即是高齡者與年輕族群的傳承。為使社會變得更有效率及現代化，老人必須由工作崗位退休，由有能力的人擔任生產性的工作；透過這個過程，社會得以延續與健全發展。

(五) 次文化理論

老人由於身心各方面功能的衰退，適應環境的能力較為困難，相較於與其他年齡層人口的互動，老人彼此間的互動較多，進而形成老人次文化。次文化理論認為同一屬性成員間的互動較不同屬性者來得多。老人因年齡相似而產生連結，在社會中形塑一個隨年齡而發展出的次文化，並形成一種團體意識。此文化與主流社會之間存有明顯差異，主要在於社會對高齡者的隔離、分化與歧視。根據該理論，老人退休後參與老人團體，可經由彼此的高度同質性，發展新的支持網絡，提升自我認同。

(六) 需求理論

Maslow（1954）認為，當人類基本的生理、安全需求滿足後，會追求更高層次精神需求的滿足。若以該理論的論述為基礎，高齡者在生心理功能良好、經濟無虞的狀態下，自然會追求更高層次精神層面的滿足。高齡者透過社會參與，可重新獲得老年的生活目標、新社會角色也有助於發展良好的自我價值、進而提升晚年的生活品質。

(七) 社會交換理論

Homans於1958年提出社會交換理論的概念，該理論主張人與人之間的互動是某種程度的資源交換；「公平分配」及「互惠」為社會互動的規範及基本法則。

「公平分配」是指成本與報酬的平衡，意即個人所付出的代價、成本與其所獲得的酬賞利益應是相等的；付出愈多，所獲得的報酬也愈多。報酬可以是具體的金錢、物品等，也可是抽象的聲譽、認同等。高齡者因自工作崗位退休而漸漸失去與社會的接觸，社會角色的轉變使高齡者缺乏可與他人交換的價值；依據社會交換理論，高齡者若可持續社會參與，則可自過程中重新獲得精神性及社會性的報酬。

▶ 結語

人的一生都在與老化在相抗衡，希望皺紋別在臉上留下歲月痕跡、年老時仍保有年輕時的體能及體態、髮色不會轉白、髮量不

會變少……，引發老化的原因為何？至今仍未有定論，該怎麼做才能夠成功抵抗老化？更是眾多科學家極欲解開的謎團。生理的老化不可預期，雖難免感傷，但卻是自然界的定律，也是人生必經的過程，既然無法避免，更應及早瞭解生理老化的特性，做足準備，開展生命中新階段的序曲。

　　老年期是人生一道重要的關卡，老人由工作角色逐漸撤離，進入退休後的新生活。面對不同角色帶來的轉變，有人好整以暇積極面對新的生活，有人終日無所事事不知如何自處。個人在生命角色轉變的過程，往往習慣將舊經驗融入新生活中，須經不斷的衝突、磨合與修正後，才能夠恰如其分地扮演最適當的角色。當社會角色因老化轉變時，應鼓勵高齡者保持健康的身心功能、配合個人的體力與興趣，培養適當的休閒活動、參與社交活動，拓展生活圈、充實自我，以不服老的心態突破年齡的限制、參與社會服務，由回饋的過程中找出生命的新意義。

問題討論

一、試述引發老化的原因為何？
二、老化對個體生理、心理所引發的變化有哪些？
三、簡述老化社會學理論。
四、討論就老人生理、心理及社會層面而言，應如何協助老人邁向成功老化？

參考文獻

一、中文部分

內政部社會司（2010）。重要內政統計指標。http://www.moi.gov.tw/dsa/，檢索日期：2010年9月3日。

王靜怡、梁忠詔、謝清麟、陳拓榮（2005）。〈醫院老年志工與對照組於身體功能表現及憂鬱程度之差異〉，《臺灣醫學》。臺北：臺灣醫學會，第9期，第6卷，頁733-739。

朱岑樓譯（1988）。《變遷社會與老年》。臺北：巨流圖書。

行政院主計處（2010）。政府統計總覽，民國97年中老年狀況調查統計結果綜合分析。http://www.dgbas.gov.tw/ct.asp?xItem=13213&CtNode=3504，檢索日期：2010年8月25日。

行政院經濟建設委員（2010）。中華民國臺灣97年至145年人口推計報告。http://www.cepd.gov.tw，檢索日期：2009年9月1日。

吳永銘（2000）。《老人心理需求之調查研究》。彰化：國立師範大學教育研究所碩士論文。

吳永銘（2010）。新客星站，「老人生死教育內涵分析」。http://www.thinkerstar.com/newidea/wusenior.html，檢索日期：2010年9月10日。

李宗派（2004）。〈老化理論與老人保健（1）〉，《身心障礙研究》。臺北：財團法人中華啟能基金會附設臺灣智能障礙研究中心，第2期，頁14-29。

李宗派（2004）。〈老化理論與老人保健（2）〉，《身心障礙研究》臺北：財團法人中華啟能基金會附設臺灣智能障礙研究中心，第2期，頁77-95。

李宗派（2010）。臺灣老人保健學會，「老人的心理衛生」。tghs.web123.com.tw，檢索日期：2010年9月10日。

李臨鳳。（1988）。《我國退休老人再就業問題研究》。臺北：臺灣大學社會科學研究所碩士論文。

林界男（2005）。健康專欄--老人憂鬱症。http://www.tmh.org.tw/ind04/show.php?id=848。檢索日期：2010年9月3日。

林珮瑩、張佑宇（2008）。〈銀髮族也能快樂的手舞足蹈〉，《臺灣老人保健學刊》。臺北：臺灣老人保健學會，第4期，頁39-48。

胡美蓉。（2010）。《諦聽他們的生命樂章——三位男性國校退休教師的生命敘說研究》。臺南：國立臺南大學諮商與輔導學系研究所碩士論文。

張文明、周適偉、洪維憲、蔡文鐘、柯智裕、黃美娟（2008）。〈志工工作與常規性運動對老人健康促進之比較〉，《臺灣復健醫學雜誌》。臺北：中華民國復健醫學會，第36期，第1卷，頁39-45。

陳年等著（2008）。《老人服務事業概論》。臺北：威仕曼。

陸洛、陳欣宏（2002）。〈臺灣變遷社會中老人的家庭角色調適及代間關係之初探〉，《應用心理研究》。臺北：五南，第14期，頁221-249。

傅家雄（2001）。《高齡化與社會福利發展》。臺北：華立。

彭駕騂（1999）。《老人學》。臺北：揚智。

曾文星（2004）。《老人心理》。香港：中文大學。

董氏基金會營養教育資訊網（2010）。營養教育資訊網，認識各類營養素。http://www.jtf.org.tw/educate/fitness/Fitness_006_12.asp，檢索日期：2010年8月31日。

盧慶華（2008）。《苗栗縣退休公教人員志願服務參與障礙之探討》。新竹：玄奘大學教育人力資源與發展學系未發表的碩士論文。

二、外文部分

Abraham H. Maslow (1954). *Motivation and Personality*. New York: Harper & Row.

Cavan, R. S., Burgess, E. W., Havighurst, R. J., & Goldhammer, H. (1949). *Personal Adjustment in Old Age*. Chicago: Science Research Associates.

Cumming E. & Henry W. E. (1961). *Growing Old: The Process of Disengagement*. New York: Basic Books.

Erikson, E. H. (1963). Eight ages of man. *Children and society*. (2nd Edition). New York: Norton.

Homans G. C. (1958). Social behavior as exchange, *The American Journal of Sociology*, 597-606.

Neugarten Bernice L., Robert J. Havighurst, & Sheldon S. Tobin. (1968). Personality and patterns of aging. *Middle Age and Aging: A Reader in Social Psychology*, Chicago: University of Chicago Press, 137-177.

Peck, R. C. (1968). *Psychological Developments in the Second of Life: Middle Age and Aging*. Chicago: Univ. of Chicago Press.

Robert C. Atchley (1989). A continuity theory of normal aging, *The Gerontologist,* 29, 183-190.

Chapter 12
健康活力與延年益壽

陳敦禮

單元摘要

本章重點在於藉由前一章身體運動管理與健康促進之立論基礎，引申應用至姣好身材之改造，與向「因年齡增長而造成的」老化挑戰，使生命更具健康活力，並進而延年益壽；透過簡單、清楚而有效的方法，身體力行、持之以恆，要達到此目標是樂見其成的。

學習目標

■ 協助讀者瞭解身體運動管理的相關知識
■ 協助讀者應用於苗條與健美身材之締造
■ 瞭解健康活力，延年益壽的策略

▶ 前言

　　現在人壽命延長了，但是，健康活著的時間是不是也延長了呢？而快樂幸福的時間是不是也增加了？相信這是大家關心的問題。如果壽命延長了，但卻伴隨著醫療與藥物，那麼這生命的質與量之間的衡量，似乎增添了無奈與疑慮。如果藥物將病痛治好了，或預防醫學落實了，那麼再加上健身運動，使身體維持健康體能，提升體適能，有活力、有朝氣，則這樣的生命活著才有意義，也才有快樂、幸福可言。因此，我們要的不是表面上的延年益壽，而是「健康身體活著的時間多」。

　　現代人普遍運動不足，體適能衰退（尤其是青少年），已是不爭的事實。近幾年國內運動行為的研究中，發現高達三分之二左右的人口沒有規律的運動習慣，這很重要的原因是大家普遍過著坐式的生活方式，身體要做一些稍有負荷量的活動，機會少之又少，對於運動健身的意識不強烈，急迫性也不高。因此，一定要特別去吸取運動健身的相關知識，並在工作之餘找時間與機會進行體能活動。

　　規律運動對人類身心健康的益處已備受肯定。規律運動在生理方面不只可以促進心肺耐力，預防心血管、高血壓、骨質疏鬆等慢性病外，在心理方面還能降低憂鬱、增進安適感與促進生活品質。對整個社會而言，亦可減少民眾的疾病罹患率、縮短療程，直接減少醫療費用的支出與醫療資源的耗費，使社會成本大大降低。此外，經常保持運動較容易達到理想與標準的身材，健美的體態，是感性、自我肯定與健康活力的一種表現。人人都希望自己更好看、

有精神並且很出色，透過健身運動我們都有機會達到這個目標。

　　創造健美姣好身材並非一蹴可幾，尤其是身材肥胖的人，需要花更多的時間與精神，當然也就必須要更有耐心，循序漸進，持續不斷地努力，才有成果。縱使身材天生姣美者，亦當好好珍惜，繼續努力保持下去。

　　平日汲取相關知識，進而培養更成熟、更正確及更健康的審美觀。希望身體適能的增進與美好身材的建立，能使您心情更愉快，對自己更有自信，生活更充實、美滿。

第一節　締造苗條動人與健美的身材

　　「苗條」意指身材纖細而優柔，「健美」就字面意義為健康美好，二者已漸為現代人的重心。擁有苗條動人與健美的身材，身體活動自如，又可獲得別人的讚賞，心中自然有成就感和滿足感，對自己也就更具信心，這些有助於提升生活品質，增進人生幸福。而苗條動人的身材配合原有溫柔、含蓄與矜持的天然本性，將會使女人更加惹人愛憐。

一、多運動以控制體重

　　根據美國心臟協會（American Heart Association）的研究報告（Steinberger, J. & Daniels, S. R., 2003），研究人員針對127位九至十七歲的學童進行身材研究，並利用「雷射能量掃描儀」測定體內脂肪的分布位置。結果發現，愈是高血脂、高血壓的學童，身體脂肪愈容易堆積在大腿、屁股、腰部等部位，造成「蘋果身材」。因

此推論，體重即使再輕，只要出現蘋果身材，日後的發胖機率和心臟病罹患率必然比一般身材高出許多。

要保持身材，除了吃得少一點，還有什麼好方法呢？方法無它，多運動並搭配局部性肌肉收縮能讓肚子、屁股、大腿的脂肪盡速消退。少吃多運動才能保持身材，可別輕易嘗試高危險性的減肥藥和抽脂術，這些可是昂貴又具生命危險性的事情，少試為妙。

Slentz等人（2005）對235位三十五至六十歲受試者進行為期兩年的觀察，運動組115人進行每週五天的激烈運動，生活組112人只要每天多動一點，例如說，把車停遠一點、等飛機時多走動走動、走樓梯而不搭電梯等。結果發現六個月後，運動組的心肺功能較好，但是後來的表現就不特別突出了。然而在兩年之後，兩組的血脂、血壓、身體的脂肪含量都有相同的健康表現，但是生活組的活動熱量消耗僅約運動組的三分之一，亦即總時間要比運動組足足多出3倍之久，才能燃燒等量的身體熱量。

另一項研究（Despres, J. P., 2001）則是以四十個相當胖的女性為研究對象，同樣得到上述結論，亦即激烈運動組與每天多動一點的生活組，兩者的健康效益幾乎是相同的。而為了雕塑身體曲線，研究人員建議能夠以每次三十分鐘、每週三次的略為流汗運動作為最基本的運動量。但是要擁有一副好身材，多到戶外運動、多走路、少搭電梯、不要老是坐著，才能夠燃燒身體多餘的脂肪。

Thompson等人（2005）於權威「科學」期刊梅耶醫學中心（Mayo Clinic Center）對16名（4名女性和12名男性）二十至三十五歲的受試者，進行熱量、勞動力、體重的關連性研究。研究期間，受試者每天要多吃1000大卡的熱量，但是其他生活習慣與飲食方法不變。八週之後，所有受試者的體重都增加了，但是差距極大，由不到1至7公斤不等，而且女性變胖的比例和速度比男生來得快。

　　根據測步器和血液生化檢查，研究人員發現，跑步、游泳、打球等流汗的動作並不是讓人保持體重的最好方法，相反地，「經常動一動」才是減少熱量積存在體內的關鍵。「經常動一動」指的是經常起身走動，如掃地、爬樓梯、洗衣服、上廁所、倒水等，不要一天到晚都固定坐在椅子上。即使是坐著，也讓身體姿勢保持端正，而不是懶洋洋地堆在椅子上。研究報告也指出，打電話時站起來走一走、動一動，也能夠有效預防體重上升。因此減肥的關鍵在於「隨時動一動」。

　　Nelson等人（2007）於美國運動醫學會發表對於減肥者有一些建議，如果胖友們要想安全而有效的減肥，可以參考下面這些原則，當然可以因應各人需求，略做調整：

1. 肥胖者每日以運動配合節食，使熱量減少500千卡。即使要減肥，每天熱量攝取不可低於1200千卡。搭配適量的碳水化合物、蛋白質及低脂肪的攝取，以維持基礎代謝率。飲食的熱量減少並不一定是吃得很少，而是要採用低熱量的吃法，菜的做法應以蒸、煮、燙、滷、紅燒、涼拌等低熱量的烹調方式。煎、炒、炸等含有大量油脂的食物要少吃。

2. 每週減重不可超過1公斤。快速減重可能造成脫水，有害健康。我們要減的是脂肪而不是體重，可見「一星期減肥5公斤」的廣告是有點誇大的，即使做的到，對健康也是有害的。

3. 運動前最好接受健康檢查：肥胖者運動前，應該接受運動心肺功能測試。同時，應做血液生化檢查及驗尿。如果有嚴重的心臟病、糖尿病、高血壓或腎臟病，應避免高強度的運動。要每個人都接受系列檢查是不容易的，因此最好先請教

熟識的醫師，確定自己有沒有慢性病，如果有需要的話再請醫師轉介接受檢查。

4. 要養成運動的習慣，並持之以恆。長時間的緩和運動比短時間的劇烈運動，更能有效地消耗體內的脂肪。

節食可以大量減少熱量的攝取，因此在減肥剛開始的時候比較有效。但是如要持續減肥，運動是不可或缺的。

二、締造苗條動人與健美身材的運動方法

對一般女孩子而言，「雕琢曲線，改造三圍，讓腰圍更細緻，胸部更堅挺，腿部更修長；完美的曲線塑造，更添魅力」，這是終其一生夢寐以求卻也覺得相當辛苦與不易之事。然而只要懂得方法，抓住要領，可以事半功倍達成目標。這個要領必須從「整體性減肥運動」與「局部性雕琢身材」兩方面著手才能奏效。以下針對此兩點分別加以說明。

(一) 整體性減肥運動

1. 運動使身體組成改變的機轉：

(1) 以運動來減少體脂肪就是增加身體熱能消耗的結果。運動時，生長激素的分泌會增加，而生長激素有助於脂肪酸的應用，並且在運動後的恢復期，生長激素仍會繼續分泌達數小時之久。

(2) 脂肪組織對交感神經系統及血液中的兒茶酚胺（catecholamine）的刺激較敏感，因而造成運動時增加脂肪被消耗的結果。而且兒茶酚胺的增加也會使食慾減低。

(3) 運動使淨體重增加，是由於體內蛋白質同化作用，進而導致肌肉粗壯的結果；而肌肉粗壯是由於肌纖維直徑的增加。

(4) 生長激素具有同化作用的特性，而運動時及運動後的恢復期中，生長激素的分泌量會高於正常值，此正是運動增加淨體重的主要原因。

2. 運動方法：

(1) 運動目的：讓身體各肌群做全面性收縮，以利用較多的脂肪酸當做熱能，消耗更多的體脂肪。

(2) 運動強度：輕度至中等的運動強度（最大心跳率－安靜時心跳率）×（50%～70%）＋安靜時心跳率），和較長的持續時間（最少二十分鐘），是最理想的減肥運動強度。

(3) 運動頻率：剛開始一週可兩次，以後視身體適應狀況而漸增。

(4) 運動方式：游泳、騎腳踏車、跳有氧舞蹈、快走、跑步（體重愈重者愈不適合）、打羽球等大肌群收縮而能持續很長時間之運動。

(二) 局部性雕琢身材

1. 除胸部肌肉以外的其他肌群訓練：

(1) 訓練目的：

① 改變肢體周圍脂肪形態，避免其鬆弛。

② 肌肉不要太發達，但維持某一程度的肌力。

(2) 運動強度：該訓練肌群可反覆收縮數十次以上，甚至百次之負荷，使其縮到最短、伸到最長。

(3) 運動頻率：一天內可做數組，愈常做、做愈多組，效果愈佳，但需避免過分勞累。

(4) 運動方式：針對不同的身體部位，採用不同的運動方式。如要減少腰部的脂肪、減小游泳圈、減少其鬆弛程度，可做：

　①　仰臥起坐與仰臥舉腿：訓練腹直肌。

　②　扭腰運動：雙手插腰，讓臀部反覆繞一個大圓圈：訓練腰肌、腰方肌與腹斜肌。以這種方式來運動，可有效改變肢體周圍的脂肪型態、減少脂肪囤積，避免發生鬆弛現象，又不會造成肌肉過度發達，讓自己健美、苗條而又有保有某一程度以上的體力。

2. 胸部肌肉訓練：

(1) 訓練目的：

　①　增加胸部肌肉厚度。

　②　儘量勿因運動而使脂肪減少。

　③　讓較強而有力又發達的胸肌，將乳房之脂肪穩穩抓住或提吊，使胸部更堅挺。

(2) 運動強度最好為最大肌力的70%至95%之間（即最多能做二次到十二次之負荷）。

(3) 運動頻率：原則上每週三次，每次三至五組，可依身體適應狀況而調整。

(4) 運動方式：只要可以讓胸大肌收縮之運動皆可，例如伏地挺身，或到健身房做斜板仰臥飛鳥、仰臥推舉、擴胸拉板等運動。

　　依目前時尚、理想的胸部，應該是柔嫩結實又有彈性的，不能下垂、也不能太大或太肥到得靠硬質內衣使它不致走樣。形狀和結實感是最重要的。乳房位於胸大肌與胸小肌前端，此肌肉群又位於胸腔上部，而乳房懸掛的方式，主要得依胸肌的力量、大小而定。因此，多做強度大的胸部運動就可使乳房奠定「有力」且「厚實」的基礎。

　　乳房是由線狀組織細胞和脂肪所組成，其分量多寡因人而異。所以，有些人體型嬌小，也可能擁有豐滿的胸部。有些女人，在消瘦了許多之後，仍可保有豐滿的胸部，這是因為她們天生具有較多的線狀組織細胞，甚至在這個部位有更多的脂肪細胞，以致較多分量的身體脂肪可以貯藏在這裡。一些女人，由於乳房部位線狀組織細胞少，所以在節食以減少身上的脂肪後，會發現胸部也相對變小了。

　　由此可見，節食或飲食控制並不能塑造良好的體態與健美的身材，只有「運動」才能「除去不要的東西，而把要留的東西留下來」、讓「該大的地方大，該小的地方小」，合理、有效又安全地塑造個人健康而美妙的身段。

　　年輕的女孩當然會有高聳結實的胸部，但是一旦年華老去或缺乏運動，胸肌便會萎縮、下垂、走樣。而健美運動，尤其是胸部肌肉的鍛鍊，可以緩和或避免這種情況的發生。而要有美妙體態，光靠健胸運動可能仍有不足之處，最好要有一套完整的健身計畫。譬如說再加上背部與肩部肌肉的訓練，可使背部上端向外伸展的肌肉健壯有力，令鬆弛的肩肌結實；腹部運動則會收縮凸出的腹部。

　　「修長結實的大腿、結實渾圓的臀部」的美女身材，或是寬肩小屁股的大胸肌健美男，都只是少數人努力運動追求的理想身材。以一個普通上班族而言，不要變成大肚、腰肥、屁股大的蘋果體

型，則是最重要且較容易達到的身材參考標準。愛美是每一個人的天性，是感性、自我肯定的一種表現。我們都希望自己更好看、有精神並且很出色，透過健身運動我們都有機會達到這個目標。而創造健美苗條的身材並非一蹴可幾，尤其是身材肥胖的人，需要花更多的時間與精神，當然也就必須要更有耐心，循序漸進，持續不斷地努力，才會有成果。身材天生姣美者亦當好好珍惜，繼續努力保持下去。

　　平日可多照鏡子，多觀察、瞭解與關心自己的身材，也隨時觀察別人的身材，甚至身體各部位，並汲取更多相關知識，進而培養更成熟、更正確及更健康的審美觀。希望身體適能的增進與美好身材的建立，能使您心情更愉快，對自己更有自信，生活更充實、美滿。

▶ 第二節　向年齡挑戰

一、運動以提升終身體適能

　　當一個人的健康不在時，什麼事也不能做；體力不佳的人，很多事情做起來也欲振乏力，沒有衝勁，而且事倍而功半。眾所周知，運動有益身體健康，而真正能夠身體力行，肯花一些心思去瞭解運動，並經常運動的人，就人口比例而言，並不多。尤其是想經由體能訓練的學習與實際操作，以提升體能的人更少。因為人不是驟然變老，體能隨著年齡的增長而衰退是逐漸的，平時又都有基本的體力去應付日常的生活。所以比較不會特地去加強體能。當然更是因為每當身體不適時，發達的醫藥立即可以補救，因而更不會強

烈感覺到體能與健康的漸漸衰弱。

　　職是之故，人類便順應自然的生理變化過程；當大多數人，身體在使用了二十幾年後，便漸入「衰」境，肌肉力量、關節活動度、心肺功能、敏捷性，以及身材等等，逐年惡化，甚至產生病變，終至死亡，停止運作。

　　臺灣經營之神王永慶先生，在1989年臺塑企業運動大會中，以七十四歲的高齡，沒有間斷地持續跑完十二圈半5000公尺。當時筆者擔任田徑賽組裁判，親眼目睹此一實況。雖然王先生已辭世，但是其在九十二歲高齡離開人間前，一直都是身體健康、頭腦清楚，並能日理萬機，常常臺灣、大陸、美國來回跑，簡直與十幾年前差不多，更不輸給許多五、六十歲的人；馬英九總統習慣晨跑，現在年齡已逾六十，依然帥氣十足、英姿風發，身體健康與體能情況不輸年輕小伙子；阿諾史瓦辛格與席維斯史特龍都已經六十多歲了，身體依然相當健壯，體力也相當好；成龍年紀也早已過半百，仍然身手矯健、動作迅速敏捷；健身房運動風氣鼎盛的美國，有不少健美先生、小姐都已經中年、老年了，依然體格壯碩、體力超人。以上這些例子都是在說明經常運動、鍛鍊身體，不但可以讓身體老化的速度減緩，甚至使生理年齡降低、體能進步、促進健康。

　　健康可謂人生幸福的基礎，也是快樂的性情與完美的人格之先決條件。偉大的事業，必寓於健康的身體。一個人一生的成就，固與學問、才能、道德不可分，但尤其重要的，不可否認應屬充沛的精力。否則徒具滿懷壯志，然因身體衰弱，力不從心，結果諸事不順，一事無成，豈非枉然。

　　幸福美滿的生活，無疑是人生的最高理想，是則我們若不想虛度此生，就該朝這個理想目標戮力邁進。而最佳的投資標的，更捨「健康之促進」，寧有其他？因為唯有健康，才能給予一個人創造

真善美生涯必須的旺盛精力與蓬勃活力，也才能給予他對外在世界永不減低的洋溢興趣。

這幾年景氣比較蕭條；各行各業哀聲嘆氣，無論餐廳、早餐店、五金行、服飾店、百貨公司⋯⋯，無一不生意衰退，大不如從前，甚至常常門可羅雀，幾至關門之窘境。唯獨「醫院、診所」一枝獨秀，生意興隆、人潮洶湧、門庭若市，令人嫉妒。因為「健康」的衰退、壽命的遞減，其進行的過程並不因為外在的因素而有暫停的時候；老天爺不會因為景氣差，就讓人們身體健康一點，少感冒、少生病、少傷痛。身體的健康，實有賴適度且經常的運動、充足的休息、足夠的營養等方面用心地保養，方足以長久維持。

如果有一天，「醫院、診所」門可羅雀，甚至一家一家倒了，關門了；如果有一天，各縣、市、鄉、鎮及學校的體育場館，天天人潮洶湧、門庭若市，每個人精神振奮、汗流浹背，則我們這個地方就是「人間天堂」。因為我們不用再花費許多時間與精神，去忍受病痛的折磨與接受治療；因為我們天天精神充沛，充滿旺盛的精力，在個人的工作場上努力以赴，以及在運動場地享受身體活動的樂趣與滿足感。身體不適的機會減少、健康的時間增多、做自己喜歡做的事的機會增加，自然享受生活的日子就長。人生的幸福就是這樣自然開始。

運動要見到成效，必須持續一段時間才見效，專家建議至少得花上一個月。如果在運動一個月之後，沒有瘦一點、沒有呼吸順暢點、沒有腳步輕快點，這必是運動方法錯誤，或是偷懶沒有好好做運動的緣故。

跳繩、跑步、游泳、騎單車、有氧舞蹈、快走等運動是真正能夠健身美顏的運動，因為這些運動能夠將氧氣帶到全身所有部位，促進新陳代謝、加強身體排除廢物的功效。至於有錢人喜歡的高爾

夫和網球，就醫學眼光來看，運動強身的效果不大。但是如果你實在想選這兩樣運動。可要好好注意正確姿勢，才能減少運動傷害的發生。

　　大家都知道運動有益健康，然而一提到運動，大部分的人總是會不好意思地說：「抱歉，不好意思，我很忙，抽不出空來運動。」事實上，一般人之所以不愛運動，主要是因為怕運動搞得自己又累又難受。更何況，醫師常常建議民眾，要做到一定強度的運動，才算是有效。因此心有餘而力不足的普通人，也只好慚愧地放棄運動了。然而哈佛醫學院最新的研究報告卻指出，運動量應該以個人的感覺為評估標準：當您覺得有一點累的時候，不論您是散步十分鐘、跑步半個鐘頭、或是游泳一小時，只要您覺得有點累，對身體來說，就是最適合自己的運動量了。

　　美國運動醫學會針對運動量與心血管等慢性疾病進行研究（Clark, 2003），結果發現只要有「動」就有助於降低心血管疾病的發生機率，至於醫師所建議的運動量，只要假以時日，持之有恆地達成就可以。想要讓身體更健康的你，實在不必過度拘泥於「非得要遵照醫師指示」的運動處方。

　　醫師通常會建議民眾，每天至少要進行三十分鐘的運動，才能達成每週消耗1000大卡熱量的運動目標。有鑑於此，研究人員便針對一般民眾及心血管患者的運動量進行評估，這份研究著重於當事人本身對運動量的感覺，而非針對其實際運動量進行測量。

　　在1988至1995年這段期間，研究人員針對7337位平均年齡六十六歲的老人家進行觀察，此期間共有551人罹患了心血管疾病。研究人員以個人對運動的感覺當做評估的指標，結果發現，與自認為運動量偏低的人相對照，認為自己運動量適中的人，罹患心血管的比例減少了14%，認為自己運動量算高的人，罹患心血管的

比例減少了31%。

　　本節「向年齡挑戰」之意，非但意旨「向年齡的極限挑戰」，更要論述「向目前該年齡之體能挑戰」。身體有效率的活動，不但是為了維持體能、促進健康，以延年益壽，長命百歲。更積極的意義是讓生理年齡愈降低，體力超越同年齡者之水準；雖年紀漸老，體能卻愈年輕；雖年齡較老，依然有足夠的體力從事年輕人的活動與工作。至於如何以運動「挑戰年齡」，則必須要針對體適能的要素「心肺功能」、「肌肉適能」、「柔軟度」等方面加以探討。

　　規律的運動不但能延年益壽，更能讓人們在年紀漸老時，體能愈年輕（圖為彰化縣田中鎮三民里社區裡的銀髮族們打著太極拳，感謝三民里社區發展協會提供）

二、提升心肺功能

　　在上文中提及「向年齡挑戰」的意義不僅在於「向年齡的極限挑戰」，更要「向目前該年齡之體能挑戰」。意即希望我們能藉著運動以維持體能，甚至增進體能、促進健康、減緩老化。在維持生命的器官中，除了腦部，心與肺可說是最重要的。四肢殘缺、肌肉萎縮，猶可活下去；胃割掉了，肝部分切除了，一樣不會死；甚至腦袋記憶力喪失了、變植物人了，生命照樣可以繼續下去。然而，心肺有了病變或功能嚴重衰弱了，生命便黯淡無光，不易維持下去。相反的，心肺功能正常，可以供給身體各器官（內臟、肌肉、大腦等）所需要的養分與能量，使其運作正常，讓生命力旺盛。因此，保養心肺，改善心肺功能，在促進健康、增進體能的過程中占有相當重要的地位。

　　人的生理現象：愈長一歲，心臟能夠跳到最快速度的次數，就減少一次。一般最大心跳率估計為：220－年齡，所以十歲的小孩子，最端的時候，心跳可以跳至210次／分左右，一百歲的人瑞，則只有120次／分左右。也就是說，年紀小者，心跳率極限值較高，而年紀大者則低。然而，安靜時的心跳率卻不受年齡影響，一般正常體重、身體健康的人約在70次／分左右。對年紀不同的人做同樣強度的運動，年紀愈大者，心跳愈容易接近極限值，所以對他（她）而言，負荷比較重，容易累。這也就是為何小孩子可以整天蹦蹦跳跳，中年人走路穩重，而老年人總是老態龍鍾的主要原因之一。

　　儘管任何人均無法改變「最大心跳率」，然而「安靜心跳率」卻可以因身體狀況而受到改變；肥胖、太累或體能極差的人，安靜

心跳率常遠高於常人（可能80、90次／分），而經常做有效的耐力運動訓練的人，其安靜心跳率則較一般人低（可能40、50次／分）。就筆者所知，國內頂尖馬拉松或游泳選手，其安靜心跳率常低至40次／分左右。他們的安靜心跳率低，心跳速度的範圍變大，當然運動的時候心跳速度就不易接近最高極限值，也比較不易喘，所以運動表現佳。

究竟如何運動，才能有效降低安靜心跳率並增強心肺功能呢？首先要有一個觀念，如要有效改善心肺機能或肌肉能力，所採用的運動方式必須是屬於較激烈而且符合超負荷原則（overload）。意思就是說，以主觀的標準來衡量時，運動加諸於心肺及肌肉的刺激，如果要達到有效的程度，應該要有相當盡力的情形才算。不過，這種盡力的程度是在個人的能力範圍內來完成的。以每分鐘心跳數而言，當運動程度愈激烈時，心跳數就相對地增加愈多，兩者的增減近乎是一等比的關係。就是這個緣故，運動中的心跳數一般被用來估量訓練心肺功能運動強度的指標。至於心肺功能促進的具體訓練處方，我們必須同時兼顧到四大要素，即運動強度、持續時間、訓練頻率、運動型式（項目）；以下分別說明此四大要素內容：

1. **運動強度**：指多激烈、多喘之意，由每分鐘心跳數來設定，運動強度為（220－年齡－安靜心跳率）×（60%～90%）＋安靜心跳率。

2. **持續時間**：指強度設定了之後，此強度究竟要持續多久的時間。有效訓練心肺功能，每次運動所必須持續的時間約為二十至六十分鐘。強度大，持續時間可以較短，但仍最好維持二十分鐘以上；強度弱時，持續的時間則必須較長。

3. **訓練頻率**：即指每週運動多少天（次）的意思。欲有效訓練心肺功能，每週必須在以上所述之強度與持續時間之下，運動三至五天（次），才能出現明顯的效果。

4. **運動型式**（項目）：即指選擇的運動種類而言。舉凡任何大肌肉群活動且具備有氧性、節奏性，又可以持久進行且易於自我控制之運動，如慢跑、急走、游泳、騎車、有氧舞蹈，乃至激烈地打桌球與羽球等，皆是有效訓練心肺功能的運動項目。

由上述之訓練處方四大要素，現舉一例簡要說明。例如一位四十歲的一般中年人，身材中等、平日不做激烈運動，安靜心跳率為75次／分。他可以在做任何一項運動時讓運動激烈程度達到心跳率為138次／分〔（220－40－75）×60％＋75＝138〕以上，維持約四、五十分鐘以上，並在一週內完成三至五次。當然，如果他平日少運動，則剛開始持續時間可短一點，但最好必須維持二十分鐘以上。運動強度的百分率與持續時間都最好在訓練一段時間後，稍微調高，以符合漸進原則，讓心肺功能更上一層樓。

記得以前報載，棒球好手郭源治在其三十三歲時曾說過他當時的體能比二十三歲時還要好，再看長期有慢跑習慣，日理萬機又精神奕奕的王永慶與馬英九，不難從他們身上找到實證：有氧性運動訓練絕對可以有效促進心肺功能、提升體力、對抗老化、挑戰年齡。

由上述四大要素我們可以得知，要有效提升心肺功能，其實不需要像馬拉松選手或其他運動選手那樣，必須跑得那麼快、動得那麼激烈，又花費那麼多時間與精神。只需要一週三至五次，每次二十分鐘以上，讓心跳率達到一個水準以上，心肺功能即可有明顯

的進步。心肺功能進步了，安靜心跳率降低、有害的低密度脂蛋白減少、有益的高密度脂蛋白增加、體脂肪減少、三酸甘油酯減少、心肺最大氧攝取量增加、左心室壁肌肉彈性增強、冠狀動脈變粗、冠狀側支血管增生、運動後心跳恢復較快、心肺利用氧的效率增加……，則運動或工作不易累、不易喘、累了又容易恢復；體能提升、抵抗力改善、應付生活的能力也增強，則身體自然能夠對抗生理上的老化，向年齡挑戰，胸有成竹、勢在必得。

三、改善肌肉適能（肌力與肌耐力）

在瞭解提升終身體適能的意義與提升心肺功能的方法後，對於「向年齡挑戰」尚仍有不足，所以我們要繼續「挑戰」下去，這一節準備來談同樣是構成體能非常重要的要素——肌力與肌耐力。重點放在它的重要性、訓練原則與改善方法。

(一) 肌肉訓練的原則

人體所有動作的表現都是肌肉在對抗阻力的現象，肌肉力量不夠，該動作便無法順利完成，也容易受傷，或是肌肉工作時抵抗疲勞的能力若不足，該動作亦無法持續下去。肌力是肌耐力的基礎，肌肉沒有力量，絕無肌耐力可言，什麼動作也沒辦法好好做，力量訓練時最大力量之增進，應考慮到下列四項原則：

1. **超載原則**：即肌肉對抗接近最大或最大的阻力，或對抗比平時所承受還大的負荷。當肌肉或肌群超載時，可迫使肌肉做最大的收縮，而刺激生理上的適應，導致肌肉力量的增加。因此要讓力量有效進步，訓練強度一定要夠大、重量一定要夠重。

2. **漸進原則**：當肌肉經過訓練後，力量逐漸增加，一段時間後，力量不再進步，即已不再構成超載，此時必須增加其對抗的阻力，亦即逐漸增加訓練的負荷。

3. **調和原則**：大小肌肉的訓練必須講求調和性；在小肌肉超載訓練前，要先做大肌肉超載訓練。因為小肌肉較易疲勞，一旦疲勞了，當在進行大肌肉訓練時，便無法協助穩住關節，維持平衡。因此大肌肉群既無法有效訓練，肌肉、韌帶、肌腱與關節亦極易受傷。另外，不能光訓練一個肌群，它的拮抗肌與周圍的肌群亦同樣要訓練。

4. **特屬性原則**：任何一種競技運動皆有其一定的動作模式，力量訓練的動作要與特屬的動作模式相同，如此從訓練中增進的力量才能用於該項競技運動中。

(二) 肌力的改善方法

瞭解肌肉訓練的基本原則後，接下來再談其簡單又有效的改善方法：

1. **強度**：肌力訓練的強度，一般人可設定在最大肌力的95％至80％之間，即最多可以做二次至八次的負荷，也就是2RM至8RM（Repetition Maximum）。

2. **組數**：做一個動作，訓練某一肌群，不論做幾次，做到受不了的情況，稱為一組。每次肌力訓練，對一肌群同一動作而言，最好能做到三組以上。

3. **頻率**：肌力訓練，對某一肌群而言，最好一週能夠訓練三或四次，並且隔天休息。

依以上原則與方法，茲舉出一個範例。某人手臂力量不佳，想增進「推」的力量，亦即改善肱三頭肌的力量。經測試知道其伏地挺身最多能做十二下，要使其將來肱三頭肌的最大力量增進，能夠「推」更重的東西，則他可以利用重量訓練室的設備，進行「仰臥推舉」的訓練，或在背部背著一些重量做伏地挺身，使動作最多能做到八下左右。每次訓練做上三組以上，一週練三、四次，一段時期後，力量稍微進步，負荷也逐漸跟著調大，使次數控制在最多八次左右。以此方式訓練下去，最大肌力必然漸漸進步。而如果訓練的該動作能夠做到十幾下以上，並在一段時間後稍微增加負荷，則肌肉的耐力便能夠有效地訓練與改善，當然，在本例中，事實上光訓練肱三頭肌是不行的，它的拮抗肌（肱二頭肌）以及附近的肌群（如屈腕肌、肱肌及三角肌）亦應稍加訓練，否則一隻手臂，肱三頭肌特強，相對的，拮抗肌與周邊肌群明顯較弱，當在激烈運動時，由於力量失衡、關節不穩，則肌肉易拉傷，關節也易移位。

最大肌肉力量與肌耐力的增進，可以使我們搬運東西更輕鬆、更持久，做動作時更自如、更自在，身體也不易受傷，可以好好的把握精神與體力投入工作或盡情休閒，所以何來「老化」、「退化」可言？一個人生活品質之所以提升，實從此肌力與肌耐力之改善開始。

四、改善柔軟度，活絡筋骨

柔軟度的好壞會影響身體的活動，與體能的展現脫離不了關係。柔軟度就是整個關節可活動的範圍大小，其所代表的意義是身體的關節與肌肉伸展至最大活動範圍的能力。關節可活動的範圍愈大，動作的表現就可能愈靈活；反之，關節活動範圍小，動作的表

現不但受到限制，當肌肉收縮的力量或外來的力量，迫使關節做急速且超過原來能力範圍的伸展時，關節、肌肉、肌腱或韌帶就容易受傷。我們常可看到小孩子筋骨靈巧、大人彎不下腰，以及老年人老態龍鍾、行走僵直，便不難看出其柔軟度的差別。

　　不少運動如瑜伽、體操、跳水、跳高、跨欄、芭蕾舞、游泳、高爾夫球等，均要求身體某些部位必須有相當大的柔軟度來表現其動作。動作表現自如、靈巧、自然，則傷害發生的機率就減低，而運動的樂趣、滿足、成就感便隨之產生。然而，有好的柔軟度重要，過度的柔軟度則將降低關節的穩定性，並不值得鼓勵。

(一) 關節活動範圍的影響因素

　　要改善柔軟度之前，必須先瞭解影響關節活動範圍大小的因素，以便正確而有效地對症下藥，確實改善關節的功能：

1. **骨骼的構造**：如肘與膝關節，只能向一個方向彎曲；腕關節的屈曲與伸展的範圍較大，而左右擺動的能力較差。
2. **關節周圍的體積**：如健美人士或肥胖者，關節活動範圍可受到肌肉或脂肪的阻礙而減小；瘦弱者，肌肉與脂肪較少，使關節活動較無阻礙，活動範圍較大。
3. **肌肉的溫度**：肌肉的溫度對柔軟度有立即的影響；肌肉的溫度提升（如熱身完或下午時間等），血液循環則較佳，肌肉、肌腱、韌帶等組織的彈性與伸展性立即隨之提高；反之，肌肉的溫度低時（如冬天的清晨），肌肉組織血液循環則不佳，其彈性與伸展性也一樣相當差。
4. **關節外圍組織本身的伸展能力**：關節外圍的肌肉、肌腱、韌帶與皮膚，在經過訓練之後，其伸展能力提高，具有較佳的彈性；反之，少活動者，伸展能力低，彈性也差。

(二) 改善柔軟度的方法

接下來我們將談到改善柔軟度，活絡筋骨的具體而簡單的方法：

1. **熱身運動**：身體若未做熱身運動就進行激烈的活動（肌肉做強大的收縮），則將造成作用肌收縮時，由於拮抗肌的放鬆緩慢而不完全，因而妨礙動作的精確和協調；熱身運動可使後續的動作中拮抗肌更完全放鬆，並使活動更協調、更順暢。此外，熱身完之後，由於血液循環好，養分供給快，神經反應迅速，肌肉彈性好且收縮快，於是有助肌肉伸展與運動的表現，並且使關節穩定，不易受傷。熱身的方法如果採用快走或小跑步，是很好的方法。若不方便跑步，則可以利用踩腳踏車，或者是上半身揮動手臂或打拳的方式行之。

2. **緩慢地做，緊而不痛**：做伸展的過程中，最好緩慢地進行。伸展直到肌肉被拉得很緊的感覺產生，然後維持十幾秒以上。經常運動者，則可嘗試維持更久的時間，並且多做幾次（柔軟度要求非常嚴格的韻律體操選手，往往拉筋要拉上將近一小時之久）。一般少運動的人在做伸展時，若有「痛」的感覺，則可能已經過度，或者是該部位已經受了傷。因此最好把握「緊而不痛」的原則，再逐漸延長伸展的時間與增加訓練的頻率。

3. **常常做，最好每天做**：柔軟度不會永遠保持原狀，關節幾天沒活動，活動度便會因為肌肉、肌腱、韌帶及皮膚等彈性與伸展性退化，而隨之減小。經常需要把動作做到最大範圍的運動員，或是有肢體受傷過的人，最能感受得到，往往幾天沒有練習，就可感覺到動作較無法好好表現。練瑜伽的人

士，由於常常練習，且每次練習的時間相當長，最能體驗具備良好柔軟度，筋骨舒活的成就感。因此，欲改善柔軟度或維持較佳的柔軟度，伸展運動最好能夠天天做、常常做。

關節伸展的程度，實際上為健康體能要素之一。雖然它不像心肺適能那樣對人體有較立即性的影響而受重視，但是當運動員在追求體能巔峰與預防運動傷害時，就顯現出其重要性。不少人由於缺乏做全身性的身體活動，造成肌肉與肌腱縮短，以致下背痛、動作不協調、姿勢不端正，或站立與坐姿皆不舒服，此時改善柔軟度為解決這些問題非常有效且根本的重要方法。因此，時常讓身體各關節做做伸展運動，並維持良好的關節活動度，是維護健康過程中的重要工作。

如果一個人從青少年，經過成年到老年，都能夠維持良好的柔軟度，做各種中、強度的身體活動都能自如自在、沒有不協調、不會笨拙、不會僵直，則「年齡」的增長對他（她）而言，只是數字的增加罷了。此時即便年紀大了，「老態龍鍾」離他（她）還是很遙遠，他（她）也不會那麼快就有「老年人的背影」。具備良好的柔軟度，確實是「維持年輕」、「對抗老化」的一大利器。

誰說年紀大了就要常與「下背痛」、「筋骨僵硬」等為伍？我們的手、腳、頸、腰可以像十年前、二十年前，乃至三、四十年前那樣活動自如。只要願意依照正確的方法經常伸展肌肉、活絡筋骨，「年輕」永在我身。

(三) 預防運動傷害

「一二三四、二二三四……」眾所皆知，在運動前先來一段熱身操，可以預防運動傷害，但是大多數的人可能不知道，暖身後的

伸展運動也很重要，除了可以避免運動傷害外，更進一步還可以增加運動的流暢度。

「熱身運動」和「伸展運動」有什麼不同呢？簡單來說，熱身運動的作用範圍是全面性的，如加速呼吸和循環系統的功能，或是促進荷爾蒙的分泌等，目的在於提高參與運動時肌群的溫度。

伸展運動就是所謂的「拉筋」，其主要作用在於拉長肌肉、肌腱和韌帶，以增加關節活動的範圍（即增加柔軟度）。對運動員而言，利用伸展運動來增加身體的柔軟度是非常重要的，不但可以減少肌肉、肌腱的受傷率，還可以減輕運動後肌肉酸痛的程度，對於想要追求好成績的運動員來說，如果身體能維持良好的柔軟度，還有益於改善運動成績。

一般常用的伸展運動有下列四種：

1. **靜態式**：溫和而緩慢的將身體伸展到某種姿勢，然後保持三十到六十秒，這樣的動作，開始時是對肌腱伸展的作用較小，但隨著姿勢的維持，可以逐漸加大肌腱的伸展力，使肌肉放鬆，讓肌肉拉長，獲得柔軟度。

2. **收縮式**：這是一種先將肌肉收縮後再拉長的伸展運動，但最近有不少研究顯示，這種伸展運動可能會造成運動傷害，因此有些醫師及物理治療師並不鼓勵這種伸展方式。

3. **被動式**：又稱為「夥伴式伸展」；顧名思義，這是一種藉由他人外在輔助的力量，來增加身體柔軟度的伸展運動，效果非常地好，但也很容易因為運動不當，過度拉長肌肉或肌腱，因而造成傷害。

4. **急速伸展肌肉**：是一種最不好的伸展方式。突然地用力拉長肌肉，此種方式很容易引起強而有力的反射收縮來對抗拉

力，會大大地增加肌肉和肌腱的受傷率，一般並不建議運動
員使用這種伸展方式。

　　總之，最重要的是，進行伸展運動前最好先進行輕微的熱身運
動，如快走或慢跑等，以免在伸展肌肉時便造成了運動傷害。

▶ 第三節　健康活力、延年益壽策略 ——

　　每一個人都不想「老」、不想變醜、體力不想衰退，然而每
每在面對現實的情況時，總是發生衝突且顯得相當弱勢。人們內心
深處對於公認的合理又自然的現象——「身體老化、體力衰退、記
憶力減退、器官功能退化，癌症或慢性病潛藏體內，隨時爆發之危
機」，感到極度反感與不甘心。為什麼人就要老化？身體各項功能
要退化？難道不能永保青春？體力永遠年輕？

　　聰明的人類漸漸地在經驗的累積與知識的開發中，智慧有了長
足的進步。於是懂得讓生活過得更好，讓慾望得到滿足，所以愈來
愈知道如何預防疾病的發生。身體染病了，也懂得如何治療，更懂
得攝取食物中的營養與學習如何運動，以使個體生長得更茁壯、更
健康。事實上，這些已在平均身高一代比一代還高、平均身材一代
比一代胖、平均壽命一代比一代長的現象中得到印證。我們深信，
人類漸將整理出一套完整而有效地使個體活得更健康，與活得更久
的方法出來。

　　一套周延且完整地歸納出使人類個體「活得健康、充滿活力且
延年益壽」的策略，應是聰明的現代人所追求的目標，筆者先大膽
勾勒出如下的概念圖（如**圖12-1**），期能提供讀者一起來思考；希

望在平常的生活中，為自己的身體做最周詳的照顧與保養。

　　這個概念圖也是筆者多年來照顧自己的身體與維持體能的心得，更是奉行不變的圭臬。以下為**圖12-1**的說明：

1. **運動**：平時進行有規律的運動或特別做體能訓練，不但可以維持或增進身體的肌力、肌耐力、心肺功能、柔軟度、協調性、平衡感，並能有效控制體重、維持良好身材、增進抵抗力、減少生病。

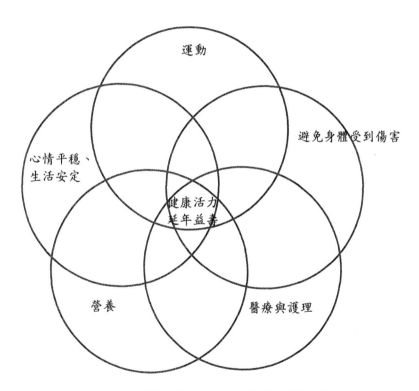

圖12-1　健康活力、延年益壽策略概念圖

2. **心情平穩、生活安定**：經濟的穩定、生活的安定、家庭的和諧、與人相處和睦等，均有助於個人心情的穩定、開朗，自然地身體內分泌就不易發生異常，代謝與吸收功能就會趨於正常，將有助身體維持健康、心情平穩。

3. **營養**：營養均衡有助於身體的發育與成長，並維持生命與恢復疲勞，或幫助傷害復原。

4. **醫療與護理**：身體一旦產生病變或傷害，極需醫藥的治療，手術與後續照護能在最短時間使個體恢復健康，讓生命延續。

5. **避免身體受到傷害**：避免身體受到傷害，如不抽煙、不吸毒、不酗酒、不讓身體受傷、不經常三餐不正常、不經常熬夜使生理時鐘大亂、不讓自己處在危險的地方或有毒的環境⋯⋯。如此，保健身體的努力才能得到最大的功效。

6. **健康活力、延年益壽**：以上五點要素可說是在平常的生活中，給自己的身體做較周詳的照顧與保養的工作，對於促進健康活力、延年益壽均有相當大的貢獻。

以上這些道理看似簡單，但每一個部分都是層面極廣的領域。恐怕也少有人能真正在日常生活中，在保養自己的身體時，能夠細心地統統把這些要素考量進去。

高齡化的社會人群結構，可以預見的，終將為人類社會帶來龐大的負擔與資源的耗損。倘若世界各國，尤其是高文明國家，若不以特別的心情引以為憂慮，不以積極的態度來面對，不以具有前瞻性的制度來因應，則遲早「由各種資源，包括政治、經濟、人力、文化、制度等要素構成」的社會成本，終將被拖垮。

高齡之趨勢不可免，人類只有一條路可走，即是積極地倡導運動的觀念，宣揚運動的方法與好處，提倡全民運動的風氣，使人人

健康，少一點病痛、少一點憂愁、多一點歡笑、多一點幸福、多一點精神與體力。人們在累積了大半輩子的經驗與智慧之後，晚年時猶有健康的身體與充沛的精神，貢獻經驗與智慧給家人、朋友、社會與國家，讓原本被視為社會負擔的老人，轉變成社會的另一種財富與可貴的資源。

如果我們多一點健康，就少一點看病的時間，少一點醫療的花費，多一些精神與時間跟家人歡聚，或是投入工作，或是去做自己喜歡的事情。如果人人都更健康一點，更強健一點，醫院、診所就會冷清一點，社會上的愁眉苦臉就會少一點，鄰里巷道間的歡笑就會多一點，旅遊地區的人潮也會多一點。如果有愈來愈多人出來遊玩、逛街、運動；如果有愈來愈多人帶著爸爸、媽媽、爺爺、奶奶去旅遊，愈來愈多醫院診所生意清淡，在公園、山野、林間……等處，處處可見運動、踏青的人，那麼我們就真的已經進入人間天堂。以「運動」積極有效地改善體能、提升體能，必能讓我們有信心去對抗因年紀漸增而產生的自然老化，再加上「心情平穩、生活安定」、「營養均衡」、「周全的醫療與護理」，並「預防身體受到傷害」，則必更能挑戰年齡，積極造就個人最大的幸福，同時也共同創造人類韌性更強的命脈。

▶ 結語

運動可以改造我們的體型，締造苗條動人與健美的身材；運動可以強化身體各種機能，使身體對抗因年齡的增長而造成的老化；它改善了我們的體力，添增了我們健康身體活著的時間，使我們超越現有年齡層應有的體能，甚至比年輕五歲、十歲，甚至二十歲以

上的人還好；掌握健康活力、延年益壽的策略，必能有效幫我們活得更好、病得更少、死得更晚。

問題討論

一、試討論各項體適能要素有效改善與維持之可能性？
二、試述如何維持健康活力並延年益壽？

參考文獻

一、中文部分

中華民國有氧體能運動協會（2005）。《健康體適能指導手冊》。臺北：易利。

陳敦禮（1995）。〈如何締造苗條動人與健美的身材〉，《大專體育》。臺北：中華民國大專院校體育總會，第23期，頁109-112。

陳敦禮（2002）。〈為什麼要運動？〉，《弘光校訊》。第166期。

謝維玲譯（2009）。《運動改造大腦：EQ和IQ大進步的關鍵》。臺北：野人。

二、外文部分

Clark, J. C. (2003). Chapter 17 asthma. In edited by Durstine, J. L & Moor, E. G. *ACSM's Exercise Management for Persons with Chronic Diseases and Disabilities* (2nd ed.). Champaign, IL: Human Kinetics.

Despres, J. P. (2001). Loss of abdominal fat and metabolic response to exercise training in obese women. The American Physiological Society.   *Exercise and the Brain*. Baror International, INC., Armonk: New York.

Hoeger, Werner W. K. & Hoeger, Sharon A. (2002). *Fitness and Wellness* (5th ed.). Thomson Learning, Inc.

Hoeger, Werner W. K. & Hoeger, Sharon A. (2003). Principles and Labs for Fitness and Wellness (7th ed.). Thomson Learning, Inc.

Kramer, J. B., Stone, M. H., O'Bryant, H. S., & Conley, M.S., (1997). Effects of single vs. multiple sets of weight training: Impact of volume, intensity, and variation. *J. Strength Cond. Res*. 11(3): 143-147.

Nelson, M. E., Rejeski, W. J., & Blair, S. N. (2007). Physical activity and public health in older adults. *Circulation*, 10: 1161.

Ratey, John J. & Hagerman, Eric (2008). *Spark: The Revolutionary New Science of Exercise and the Brain*. Baror International, INC., New York: Armonk.

Reimers, K. J. (1994). Evaluating a healthy, high performance diet. *Strength and Conditioning*. 16: 28-30.

Slentz, C. A., Aiken, L. B., & Houmard, J. A. (2005). Inactivity, exercise, and visceral fat—a randomized, controlled study of exercise intensity and amount. *Journal of Applied Physiology*.

Steinberger J. & Daniels, S. (2003). Obesity, Insulin Resistance, Diabetes, and Cardiovascular Risk in Children. *Circulation*, 107: 1448. American Heart Association, Inc.

Thompson, W. G., Holdman, N. R., & Janzow, D. J. (2005). Effect of energy-reduced diets high in dairy products and fiber on weight loss in obese adults. *Obesity Research*. 13:1344-1353.

Werner W. K. Hoeger, Sharon A. Hoeger (2002). *Fitness and Wellness* (5th ed.). Thomson Learning, Inc.

Werner W. K. Hoeger, Sharon A. Hoeger (2003). *Principles and Labs for Fitness and Wellness* (7th ed.). Thomson Learning, Inc.

Chapter 13
健康管理的行銷推廣

紀璟琳

單元摘要

現代人的飲食與生活很不正常，常花費許多無謂的金錢與時間在投資健康、儲蓄健康與增進健康，卻往往不得其法，其實正確的觀念與做法並不用花費很多錢，本單元闡明健康管理可由學校教育開始著手，且透過不同的行銷推廣方法讓更多人可以知道健康管理的相關資訊。

學習目標

- 瞭解健康管理的行銷推廣有哪些項目
- 學習瞭解傳統的行銷推廣方式與網路行銷方式有何不同

▶ 第一節　健康管理的好處與方向 ───

　　健康管理就是平日對個人或團體的健康危險因素進行全面的檢測、分析、評估後，配合做出相關的預測與預防的過程。健康管理簡單來說可以透過整合個人和醫療保健機構、保險團體等相關的資源，使得進行健康管理的消費者能夠以最合理的費用，得到最經濟有效的相關服務，並有效地降低健康風險和醫療費用的支出。

　　現在大家的健康意識高漲，民眾關心自己的健康狀況，投資更多成本在健康管理、健康促進的領域。西方國家在60年代時期就已把健康管理作為醫療服務體系中不可或缺的一部分，美國、英國、加拿大、日本等國家早已逐步建立了不同形式的健康管理組織。許多大型企業高層也意識到員工的健康直接關係到企業的營運效益及發展，這種意識使健康管理開始被當成一項真正的醫療保健議題。

　　健康管理好處如下：

1. 可更清楚自己的身體狀況，判斷可能的潛在疾病：透過檢測諮詢等方法，瞭解自己身體各組織器官的健康狀況所處的生理年齡與實際年齡的差異，瞭解身體與心理是否處於健康狀況或疾病潛伏階段，並據此判斷目前的身體狀況與習慣，以便預估在一段時間後，自身是否可能會罹患某種疾病，以及早提出預防措施。

2. 提早或及時就醫，避免影響病情或延誤最佳診治時機：疾病的及早發現會對病情診治有很大的影響，如發現身體不適可及時請教您的保健醫師，如需治療，可及時給予建議去醫院

就診，唯須請教合格的專業醫師，必要時需立刻到醫院就診。對健康問題的及早預防處理，不但可避免延誤病情，更能釋放壓力，使心情愉悅，遠離疾病困擾。對健康問題的事先處理，不但可避免延誤病情，亦可使患者心理壓力上較能坦然面對。

3. **能長期追蹤自己的健康狀況**：平時能有一名固定的家庭醫生或長期配合的專業醫師跟蹤自己的體檢過程和健康事項記錄，比起平常都不注重健康管理，或看診時常常給不同醫師看診的模式，要來得更為準確與客觀。

4. **減少重大疾病的發生率**：平常注重專業的健康管理，且時時注意自己健康的人，對於重大疾病的預防是有非常大的幫助的。要求自身於日常時不斷注意任何可能會影響健康的因素，從生活的細節、習慣等改善做起，儲備自己的健康能量，從而達到生理和心理的最佳平衡狀態。

5. **節省個人維護健康的時間與金錢**：健康管理可以節省未來罹患重大疾病可能產生的重大開銷，且能讓個人在日常生活中不會像無頭蒼蠅一樣，漫無章法的保健，如很多人亂吃健康食品或補品，或未對自己做好體適能的檢測，就漫無目的的運動，不僅浪費時間，更浪費金錢，健康管理可以為我們做好事先的控管。

世界衛生組織公布的一項報告顯示，人類三分之一的疾病可以透過預防保健來加以避免或進行有效的控制。健康管理正是基於這樣的背景與社會大環境下所產生的新興科目。現代人在飲食不正常、缺少運動、抵抗能力下降、心理壓力大的原因之下，慢性病或重大疾病發生率年年攀升，如目前國內罹患高血壓、糖尿病和惡性

腫瘤的人數不斷上升。隨著人口老化的速度加快，慢性病發生率的上升，人們對保健服務的需求也趨向私人化、固定化，健康管理也就愈來愈受到人們的重視。

　　健康管理針對人們的身體從生理到心理狀況，給予長期保持正常標準，並為此努力的一種現代化、精緻化、多元化的服務過程，同時也是人類運用現代技術關注生命品質不斷提升的精進過程。健康管理是一個概念、也是一種方法，更是一套完善、周密的服務過程，目的在於使已經罹患疾病之人或健康者，能更快恢復健康、維護健康、促進健康，並節省無謂的開銷，有效降低醫療支出，且讓個人在身體、精神、社交、生活等方面都能達到完美的狀態。

健康管理的目的在於使已經罹患疾病之人或健康者，能更快恢復健康、維護健康（圖為太平公園，紀璟琳提供）

▶ 第二節　從基層學校推廣健康管理 ───

　　沒有健康的身體是無法享受美好的人生的。健康的基礎與保養概念如果在求學時期就能奠定是非常棒的，所以健康管理概念可以先從基層學校教育開始落實，健康是一切事物的基礎，這是教育部推廣「健康促進學校」（health promoting school）概念的緣起。像教育部於92學年度公布健康促進學校計畫，經過一系列逐年的推廣，將此重大政策在基層教育體系慢慢紮根。該計畫將由教育部和衛生署攜手推動各項學校衛生工作，且於各縣市共同推動成立健康促進學校，使學校成為學生、教職員工、家長和社區民眾獲得健康的場所，並經由學校教育培養學生正確的衛生知識與行為，以減少日後疾病及健康問題之發生。

一、基層學校的推廣

　　教育部所公布的健康促進學校計畫是希望能在基層教育體系裡慢慢推廣，像北部的新莊國小，對於推廣健康學校不餘遺力，大致上分成體育及疾病防制等方面推行，對象不只針對學童，更擴及到教師、校內行政人員以及義工媽媽。新莊國小每年定期會針對老師及學生進行體適能的檢測，學校中並開辦一個體適能班，額外加強學生的肌耐力、柔軟度和心肺功能。疾病預防方面，新莊國小每年都會委託耕莘醫院為老師、義工和行政人員做健康檢查，並且請專業的醫師細心解說檢測結果。這一健檢推行後，幫助了許多校內老師發現身體上的疾病，是一個相當不錯的收穫。

　　目前推行健康促進學校計畫有不錯成效的國小，除了新北市的新莊國小外，尚有臺北市承德國小和彰化縣和美鎮大榮國小等校所。如果讓小朋友從小在學校就有這些健康管理的概念，未來就讀國、高中甚至大專時，對於各種健康管理的檢測與政策實施的配合度與成效一定會事半功倍。另外，世界衛生組織於1995年起積極推動健康促進學校計畫，以場所的角度為基礎，認為學校為一個學生成長過程中，需要花許多時間待在這裡的地方，故將健康促進學校定義為一所學校能持續增強它的能力，成為一個有益於生活、學習與工作的健康場所。而透過學校體系推廣健康管理的特點如下：

1. 結合現有相關體系、組織、資源，尤其是教育及衛生行政體系的結合，老師、學生、家長或社區的參與。
2. 建立由學校延伸到家庭的推展模式，經營健康的環境，並透過適當的健康政策觀念，將健康保健概念融入日常生活之中。
3. 鼓勵及培養學校教職員工與學生，全體願意主動參與校園健康管理。
4. 傳統學校衛生教育雖然原本就針對健康環境、健康服務、健康教學、社區關係等方向有擬定與實施相關政策，但應當隨著世界最新潮流與趨勢調整內容，讓健康管理更臻完備。

二、教育部的相關政策

　　世界衛生組織近年來於世界各國推動健康促進學校，就是要將學校變成一個健康促進的場所，除了促進學校全體教職員工與學生的健康外，也要結合家庭，走入社區，將健康概念影響更多人，在

全球許多國家實施健康促進學校計畫後，都減少了許多健康問題、增加教育系統之效率，並促進其公共衛生及社會經濟之發展。教育部和衛生署也將攜手推動各項健康促進學校政策，未來將積極推動下列事項：

1. 加強行政協調、部會合作：與行政院衛生署規劃相關政策及媒體公關建立網絡系統。
2. 組成教師輔導團、建置網路教學、制訂相關法規及落實實施師資培育，及課程研發、相關教材研發與課程規劃。
3. 網路資源整合及相關宣導品製作的成效評估及研究發展：建立學生健康調查資料庫、健康促進學校成效研究，以及與國際接軌，合作健康城市、健康部落、健康社區、無菸學校、健康空間、健康行銷等。

　目前教育部尚針對各縣市、各級學校推動各項有關健康促進的政策，主要方向如下：

1. 訂定相關法規：在學校健康相關的委員會，召開學校健康促進計畫會議，並依據計畫執行之所需，協調各單位修訂相關法令、訂定相關章程及法條，使得在政策運作時，能有法源並有充足之單位與經費的支持，未來方能提供更完善的健康環境與健康服務。
2. 強化組織運作功能：透過校內各種健康方面的相關研習與活動，提升健康促進工作團隊組織效能，增進各行政組織間的合作，溝通協調，並增進組織與成員的互動，並加強學校組織與社區資源的聯結，提升健康服務品質，創造和諧健康的校園文化。

3. 發展課程與教材教案：由課程相關的委員會進行整合規劃，
   鼓勵教師設計健康管理課程，徵選優良課程或教材設計，將
   擬定的健康議題融入相關的課程教學與學習評量。
4. 推展健康相關活動：定期對學生進行視力、身高、體重及體
   適能檢測，並舉行健康促進文宣活動、校內各項體育比賽、
   健康觀念的投稿徵文比賽等，盡其所能的將健康活動多樣
   化，以提高參加的興趣與比率；另外，可辦理研習訓練，增
   進學校內教職員生的健康知識，並增強師生互動關係及增進
   家長與社區等組織的支持與合作。
5. 加強廣告文宣：學校定期定時利用校內的LED跑馬燈、電
   視、活動虛傳、書面廣告單、海報張貼及健康相關網站的設
   立，來傳播健康相關資訊、分享健康知識與常識，使教職員
   生與家長的關心度及參與度提升。

▶ 第三節　健康管理的行銷推廣

　　Kotler（1999）認為，行銷策略是一種整合行銷溝通的方式，
包括由廣告、專業人員銷售、促銷活動、公共關係所組成的元素組
合。要訂出有效的行銷策略，需考慮建立行銷目標、選擇行銷工
具、行銷方案的制定、行銷方案的市場測試、行銷方案的執行、評
估執行結果等。在行銷組合工具中，廣告、人員銷售、促銷活動、
公共關係是目前較常用的方式，這幾年網路行銷的盛行也是不容忽
視的一個項目。

一、廣告

　　廣告意指藉由平面廣告、電視廣告、網路廣告等方式，將產品或是經營理念，透過大眾傳播媒體，向社會大眾做出推銷的一種宣傳方式。行銷人員在擬定行銷策略時，應先針對目標族群訂定出一套足以引起目標顧客群的注意與興趣，進而激起欲望的廣告內容，最後產生消費行動。Schultz、Martin與Brown（1984）認為，廣告策略主要包含創造廣告訊息與選擇廣告媒體兩個要素。在創造訊息內容上應考慮有效性、可信賴性與獨特的風格三大特色。在媒體的選擇上，要考慮廣告呈現的時間長短、頻率，同時注意配合該媒體的節目類型與安排撥出的時間等因素。

二、專業人員銷售

　　專業人員銷售是由經過訓練的人員與客戶做面對面的溝通與服務，並能詳細說明所提供產品或服務的內容、特點或效用，最後雙方達成交易與建立互相關係的過程。專業人員銷售的優點在於能和需求者產生直接、互動的關係，當對方有問題時可以快速處理，甚至透過細心的客服，維持雙方良好關係。專業人員銷售的主要目標在於發現目標客戶、與對方溝通詢問、推銷產品或服務、提供產品與售後服務等。

三、促銷活動

　　促銷活動是一種藉由各種激起消費者購買欲望，且最後促使消費者購買該促銷產品或服務的行銷活動過程，如商品展售、博覽

會、園遊會,以及其他各式各樣的銷售活動等。Davis(1991)認為,促銷活動實際上是一種輔助性的行銷方式,在一個有限的時間內採行一定的策略,並刺激消費者的活動過程。Kotler(1999)認為,促銷活動是由許多各式各樣的誘因工具所組成,且大多為短暫性質;主要的目的是用來刺激消費者對於某項產品或服務,進行購買或大量購買的行為。

促銷方式的訂定對於促銷活動的進行非常重要,在決定促銷方式時,必須考慮促銷產品的類型、市場潮流、促銷地點、目標族群等因素。

四、公共關係

公共關係是協會組織或團體與大眾間的傳播管理,且是一種特別的管理能力,良好的公眾關係可以協助組織與一般民眾建立並維持良好關係。公共關係是透過設計各種不同的活動計畫,並實施該活動計畫後獲得有利的媒體公開報導,然後維護或提升大眾對公司與產品的良好形象,甚至避開負面的謠言與不實事件,最後因與大眾建立良好關係而對公司的產品或服務的銷售有很大的助益。這些公共關係的內容包含很多,如配合政府政策、各種廣告、銷售政策、行銷方式、產品推廣、政治運作等。

五、網路行銷

傳統行銷通路中廠商透過一般廣告或其他行銷方式將訊息傳遞給客戶,是一種單向的溝通模式,而網路行銷的行銷方式則是一種互動模式,產品或服務提供者與消費者可透過網際網路傳遞資訊,

而此種雙向的溝通方式會持續不斷地進行，廠商也可利用此一頻
道，瞭解消費者的需求，並提供個人化的服務。網路行銷可透過網
站製作、網路廣告、部落格等方式，提升對健康管理的行銷推廣。

▶ 第四節　健康管理與網路行銷 ————

　　除了一般的廣告方式或宣傳手法，健康管理產業透過網路行銷
是最經濟迅速的行銷模式，網路行銷是以網際網路作為行銷工具，
並且作為傳遞訊息的媒介，提供多樣化的商品與服務資訊，以使目
標網路使用者能形成購買或消費的動機。網路行銷最基本的做法就
是首先吸引網路使用者的注意，再引發網路使用者的興趣，並使其
產生消費欲望，最後付諸實際行動，也就是網站經營者能在最短時
間消耗與最低成本的情況下，能夠滿足消費者的需求的模式（羅秋
川，2000）。

　　網路媒體具有即刻性、互動性、資訊性、多媒體、低成本、無
地域性、全球化、雙向關係與全方位傳播資訊的特質，改變甚至顛
覆了傳統媒體的行銷模式。周冠中（2000）指出，網路行銷所可能
帶給企業的效益如下：

1. **年輕族群商機龐大**：許多網際網路相關調查顯示，網際網路
   主要使用人口的年齡較年輕，對於新科技的物品或軟體接受
   度高，依賴程度也非常高，網路行銷除了可廣納各族群的消
   費者外，尚可增加年輕族群顧客所帶來的商機。
2. **商業品牌與網路品牌**：網際網路是一個全新的行銷通路與媒
   體，以往的企業在現實的市場上的品牌優勢與名氣，不一定

能夠延伸到網際網路上；相反的，在網際網路上具有高知名度的網路平台卻能吸引到較多的目標消費者。

3. **客製化行銷**：網際網路可以讓消費者在網路上消費時，能有多種選擇後將所需商品組合，企業可以滿足每個消費者在其網站不同的消費需求。

4. **透過網際網路招募人才**：許多人力資源網站相繼成立，網際網路不只是提供商務活動的交易媒介，同時可以藉此為企業發掘出更多優秀的人才。

5. **提升滿意度，降低成本**：網站可以提供全年無休、不分地域的客服，不但可增強使用者的滿意度，還可以降低服務成本。

6. **管理經營模式變動**：透過網際網路，很多人在家中上班，改變過去一定要在實體建築內上班或經營的模式。

7. **市場迅速回饋**：網際網路因具有雙向溝通且快速的功能，因此企業可以輕鬆地利用網際網路活動獲得消費者的意見。

健康管理可以透過下列的網路行銷方式加以推廣：

1. **設立專屬網站並進行網頁優化**：請專業網路公司設計網頁後，在瀏覽量大的入口網站進行登錄，讓瀏覽者在自己喜歡的搜尋引擎中，輸入關鍵字來查詢相關資料。一般臺灣的網路使用者會以雅虎（yahoo）及谷歌（google）作為網站排名的依據，經過專業的網頁優化之後，當目標消費者打入關鍵字搜尋時，經過優化的網站會出現在搜尋結果的前幾頁，使得被點閱的機率大增。

2. **關鍵字廣告**：購買關鍵字廣告是網路行銷中最快速、有效的方式，但因所需的預算較高，問題也很多，因為只要網頁經

過點擊就需付廣告費，有些心術不正的人會惡意點擊，造成花費的大增，所以採用關鍵字廣告方法者，最好事先要做好功課。

3. **經營部落格**：臺灣每個入口網站都有部落格，部落格的設立一般都是免費的，要使部落格在入口網站中曝光度增加，一定要用心經營並隨時更新內容，才能保持高度的點閱率，這些都是經營部落格者必須用心思考的行銷課題。

4. **網路廣告信**：這是屬於大量的電子發信行銷方式，主要藉由信件點選後增加行銷曝光，但是現在這種方式有些缺點，原因在於這種信件大多會被入口網站的搜尋引擎阻擋，而成為垃圾信件。一般人收到這種信件可能會很反感，甚至擔心信件中含有電腦病毒而直接刪除，此種方式如果收件者收信後有點閱，還是有可能會促成交易，且增加對網站的流量。

5. **網路電話行銷**：這種方式以SKYPE居多，其效果與網路發信廣告類似，這種方式很容易被人當成中毒信件，很多人也會直接以封鎖方式處理，因此效果有限。

6. **病毒式行銷**：電子郵件行銷除了成本低廉的優點之外，更大的好處其實是能夠發揮「病毒式行銷的威力，利用網友閱讀後會跟好朋友分享的心理，且收到該信件的朋友會很樂意的開信，達成廣告效果，朋友與朋友之間只要轉寄該信件，之後這電子郵件會一傳十、十傳百的無止盡傳送，甚至能夠開發原本不在行銷範圍之設定內的潛在消費者，此方法非常好用，十分經濟而有效益。

問題討論

一、請舉出三種您覺得對健康管理比較有效益的行銷推廣
　　方式？

二、健康管理的觀念與政策如何在學校單位落實並有效執
　　行？

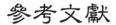

參考文獻

一、中文部分

吳賢文（1999）。〈運動健康管理之理念〉，《國立臺灣體育學院學報》。第4
　　期，頁31-52。

周冠中（2000），《E-business時代風潮》。臺北：博碩。

宣導活動網。http://163.19.62.5/ad_dyna，檢索日期：2011年3月28日。

謝玉頤（1998）。〈從認識體內的自由基探討適度運動與健康的正確理念〉，《國
　　教世紀》。第181期，頁11-14。

羅秋川（2000）。《非營利事業網路行銷之研究──以仁壽宮網站為例》。臺南
　　市：長榮管理學院碩士論文。

二、外文部分

Davis, G. (1991). *Retailer Advertising Strategies, International Journal of Advertising*,
　　10, 189-203.

Jefkins, Frank (1983). *Public Relations for Marketing Management*, 2thed. London: Mac,
　　millanPress.

Koter, Phlipp (1999). *Marketing Management: Millennium*. NY: Prentice Hall.

Schultz, D. E., Martin, D., & Brown, W. P. (1984). *Strategic Advertising Campaigns* (2nd
　　ed.). Chicago: Crain Book.

運動休閒系列

運動休閒與健康管理

著　　　者／陳敦禮・徐欽祥・紀璟琳・程一雄・陶文祺
出 版 者／揚智文化事業股份有限公司
發 行 人／葉忠賢
總 編 輯／閻富萍
文字編輯／李虹慧
地　　　址／222　新北市深坑區北深路三段 260 號 8 樓
電　　　話／(02)8662-6826・8662-6810
傳　　　真／(02)2664-7633
　E-mail ／service@ycrc.com.tw
印　　　刷／鼎易印刷事業股份有限公司
　ISBN ／978-957-818-998-0
初版一刷／2011 年 6 月
定　　　價／新台幣 400 元

國家圖書館出版品預行編目（CIP）資料

運動休閒與健康管理／陳敦禮等著. -- 初版. --
新北市：揚智文化, 2011.06
　面；　公分. --（運動休閒系列）
ISBN 978-957-818-998-0（平裝）

1.運動產業　2.國民健康管理　3.文集

489.7707　　　　　　　　　　　　100007221